国家自然科学基金项目(51604126,51664018,51364012)
江西省科技支撑计划项目(20143ACG70010)
江西省教育厅青年基金项目(3204704054)
江西理工大学优秀博士论文文库

综放巷内预充填无煤柱掘巷围岩结构演化规律与控制技术

Zongfang Hangnei Yuchongtian Wumeizhu Juehang Weiyan
Jiegou Yanhua Guilü yu Kongzhi Jishu

吴 锐 著

中国矿业大学出版社

图书在版编目(CIP)数据

综放巷内预充填无煤柱掘巷围岩结构演化规律与控制
技术 / 吴锐著. — 徐州：中国矿业大学出版社，
2017.12

ISBN 978-7-5646-3625-8

Ⅰ.①综⋯　Ⅱ.①吴⋯　Ⅲ.①无煤柱开采－巷道围岩
－工程结构－研究　Ⅳ.①TD823.4

中国版本图书馆 CIP 数据核字(2017)第 174437 号

书　　名	综放巷内预充填无煤柱掘巷围岩结构演化规律与控制技术
著　　者	吴　锐
责任编辑	满建康
出版发行	中国矿业大学出版社有限责任公司
	（江苏省徐州市解放南路　邮编 221008）
营销热线	(0516)83885307　83884995
出版服务	(0516)83885767　83884920
网　　址	http://www.cumtp.com　E-mail：cumtpvip@cumtp.com
印　　刷	江苏凤凰数码印务有限公司
开　　本	850×1168　1/32　**印张** 6.25　**字数** 163 千字
版次印次	2017 年 12 月第 1 版　2017 年 12 月第 1 次印刷
定　　价	36.00 元

（图书出现印装质量问题，本社负责调换）

前　　言

目前,无煤柱护巷主要通过沿空留巷和沿空掘巷实现,沿空留巷需经两次采动影响,巷道维护困难,而一般的沿空掘巷需留设5～7 m的窄煤柱,难以实现真正意义上的无煤柱开采。本书研究了一种综放巷内预充填无煤柱护巷技术,即在上工作面巷内紧靠非截割帮预先构筑充填体,本工作面掘巷时沿充填体掘进,实现无煤柱开采。本书综合运用理论分析、数值模拟、现场监测和工业性试验等方法和手段,根据综放巷内预充填无煤柱掘巷围岩结构演化特点,将其分为上工作面回采、本工作面掘进和本工作面回采等"三阶段",系统分析"三阶段"过程中围岩"大结构"对充填体、沿空巷道稳定性的影响及充填体与"大、小结构"之间的相互作用关系。

本书主要研究成果为:

(1)建立基本顶、直接顶、煤层和充填体等相关岩层结构的文克尔弹性地基梁模型,分析基本顶弧形三角块不同的破断位置、不同的采矿地质条件及不同的充填体参数对充填体稳定性影响,并得出任一采矿地质条件下巷内预充填无煤柱开采适应性的判据。

(2)巷内预充填无煤柱掘巷不同于一般的留窄煤柱沿空掘巷,在"三阶段"过程中充填体始终处于高应力状态,沿空巷道将在高应力环境中掘进,对充填体的强度、宽度和巷道支护强度要求高。

(3)不同的充填体宽度和强度,影响"小结构"的应力分布和塑性区范围,并影响基本顶"大结构"的断裂位置和初期下沉量,得出充填体与"大、小结构"的相互作用关系。

（4）分析了充填体的作用机理及其在"三阶段"过程中的受力特征，在此基础上合理确定了充填体的参数。

（5）研究了巷内预充填无煤柱掘巷变形特点，并将巷道划分为直接顶层间错动离层区，顶板浅部拉破坏区，充填体侧巷道肩角顶煤切落下沉区，实体煤帮压剪破坏区，进一步提出"分区非匀称"支护体系。

上述研究成果成功应用于常村煤矿 S510 工作面，充填体的参数满足安全生产的要求，并有效控制了无煤柱掘巷围岩的变形。

本书研究成果得到了国家自然科学基金"沿充填体掘巷高支承压力下底板应力演化及其变形机制"（51604126）、"矿物颗粒大小组成与岩石声发射相对平静期关系的研究"（51664018）、"矿山松散介质堆积体滑移及失稳破坏的声发射特性研究"（51364012），江西省科技支撑计划"赣南钨矿山采空区安全治理及监测预警技术研究与示范"（20143ACG70010）和江西省教育厅青年基金"综放巷内预充填无煤柱掘巷底鼓力学原理"（3204704054）等项目的资助。本书由江西理工大学资助出版。

由于作者水平所限，书中难免存在不足之处，敬请读者批评指正。

作者

2017 年 12 月

目 录

1 绪 论

1.1 研究背景及意义

煤炭在我国的一次性能源消费结构中所占比重长期在 70% 以上,如何实现煤炭高效集约化生产,提高煤炭回收率,是当今世界煤炭工业发展的热点性问题。我国采煤工作面的年推进总长度可达几百万米,传统的设计方法通常是在相邻工作面之间留设 20～30 m 的保护煤柱,由此造成的煤炭资源损失较大,尤其是厚煤层开采煤炭资源损失更大。据统计,在综放采区煤炭损失中,区段煤柱损失约占 9.5%,仅次于工作面的顶煤损失(约占 12.9%),且随区段煤柱宽度的增大而增加。此外,较宽的区段煤柱在工作面回采后形成应力集中,会造成下区段巷道维护困难,也使布置在煤柱下方的底板巷道维护难度加大,同时不利于煤炭自然发火和煤与瓦斯突出等灾害防治。

随着无煤柱护巷技术的快速发展,沿空留巷、沿空掘巷布置回采巷道技术逐渐成为各矿提高资源回收率、延长矿井服务年限的新思路和有效途径。而沿空留巷在上区段工作面回采的同时进行构筑工作,受到上区段回采的强烈影响,本区段回采时又受到超前支承压力的影响,巷道要经历两次采动影响,巷道维护较困难。特别是厚煤层综放开采,采用沿空留巷难度较大,护巷成本也高。

而沿空掘巷是在上区段工作面回采的影响趋于稳定后在侧向

支承压力降低区中掘进巷道(留小煤柱或不留煤柱),巷道只经受一次采动影响,相比于沿空留巷,沿空掘巷更容易维护。而沿空掘巷一般难以实现无煤柱开采,需留设 5～7 m 左右的窄煤柱护巷,在煤厚较大的情况下,仍将丢失较多的煤炭资源。因此,存在一个问题,是否存在一种开采方式,同时集成沿空留巷和沿空掘巷的优点,即实现无煤柱开采的同时,巷道只受一次采动影响使得更容易维护?

本书研究了一种综放巷内预充填无煤柱护巷技术,即在上区段工作面的平巷内紧靠非截割帮预先构筑充填体墙,上工作面回采结束覆岩稳定后,本工作面平巷掘进时沿充填体墙进行,不再留设煤柱,利用充填体墙将原相邻工作面应留设的区段(窄)煤柱置换出来,实现厚煤层综放面无煤柱开采。

在前人研究的基础上,本书根据综放巷内预充填无煤柱掘巷围岩结构演化特点,将其分为上工作面回采、本工作面掘进和本工作面回采等"三阶段",系统分析"三阶段"过程中围岩"大结构"对充填体、沿空巷道稳定性的影响,并分析巷内预充填无煤柱开采的适应性及充填体与"大、小结构"之间的相互作用关系,最后研究充填体的参数和沿空巷道稳定性控制技术。

研究成果将在厚煤层综放面中实现无煤柱开采,提高煤炭采出率,降低护巷成本,能够产生显著的经济效益和社会效益,并促进我国无煤柱开采的进一步发展,具有重要的现实意义和广泛的推广应用前景。

1.2　国内外研究现状

经过广泛调研、资料收集与整理分析发现,目前国内外针对综放开采岩层控制理论、沿空巷道上覆岩层活动规律、巷内预充填体稳定性、沿空巷道支护技术和国内外沿空巷道工程实践等方面已经取得了大量有价值的成果,这些为本书的研究奠定了坚实的基础,同时也发现了已有研究中存在的一些问题,现分述如下。

1.2.1 岩层控制理论发展现状

国内外学者在采场矿压规律方面做了大量的研究工作。从19世纪末开始,人们就对采场上覆岩层结构特点及其形态进行了研究,提出了各种采场矿山压力假说及相应的力学模型。最早有"拱"及"梁"的力学模型。鉴于采场上覆岩层在工作面推进过程中已处于破断状态,20世纪50年代国外发展了"铰接岩块"和"假塑性梁"等力学模型。准确地推断采场上覆岩层结构的形态,将对一系列采矿工程问题产生重大影响,比如采场顶板来压与支架受力,上覆岩体中的节理裂隙分布及其对瓦斯及地下水流动的影响,上覆岩体的断裂失稳与地表沉陷,控制煤岩分离与提高放顶煤回收率等。

在前人研究成果和现场大量现场观测基础上,我国学者钱鸣高提出了岩层"砌体梁"结构力学模型,并从理论上证明了来压的时间差与基本顶的超前断裂及断裂时对位移形成的扰动关系,为基本顶的来压预测预报提供了可靠的依据。

钱鸣高提出了岩层控制关键层理论,对开采后岩层活动的现象与规律作出了更为全面和深入的解释。关键层理论基本观点是:在采场上覆岩层中由于各岩层的特性不一,并不是每一层岩层都对采场上覆岩层的运动起决定性作用,有时仅为一层或数层。将对岩体活动过程中全部或局部起决定性作用的岩层称为关键层,前者可称为主关键层,后者可称为亚关键层。该理论大大简化了研究对象,抓住了问题的要害。

宋振骐提出了"传递岩梁"力学模型,由于断裂岩块之间的相互咬合,始终能向煤壁前方及采空区矸石上传递作用力;支架承担岩梁作用力的大小,由对其运动的控制作用决定;基本顶岩梁给支架的力,一般取决于支架对岩梁运动的抵抗程度,可能存在"给定变形"和"限定变形"两种工作方式。

张顶立、王悦汉在大量现场实测、相似模拟试验和理论分析的基础上,提出了"砌体梁"与"半拱"式结构结合而构成的综放工作面覆岩结构的基本形式。指出覆岩结构的特殊性及顶煤的松软破碎是造成综采放顶煤工作面矿压显现复杂化的主要原因,并由此分析了矿压显现特点及其控制。

缪协兴、钱鸣高等从模拟试验和现场实测发现,随着综放工作面长度的增加,采场覆岩关键层的破裂块度将相应减小,因而采场来压均匀,便于顶煤破碎和放出,但会发生主关键层来压现象,必须采取相应措施,将其加以有效控制。

赵士昌、于海涌等认为放顶煤采场上覆岩层存在着梁式自稳结构,这种结构的特点是岩层由众多断裂岩块组成,断裂岩块长度一般远小于周期来压步距,岩梁自身无抗拉能力,但在轴向挤压作用下不仅能表现出承受载荷能力,而且具有较大的塑性变形能力。

1.2.2 沿空巷道上覆岩层活动规律研究现状

侯朝炯、李学华等针对综放沿空掘巷围岩的特点,提出了综放沿空掘巷围岩"大、小结构"的稳定性原理,为锚杆支护的成功应用提供了理论依据。对基本顶中的弧三角形关键块的受力特点、在掘巷期间和回采影响期间的稳定情况以及对其下的沿空掘巷的影响进行了分析。探讨了影响围岩"小结构"稳定性的主要因素;应用巷道锚杆支护围岩强度强化理论,研究得出提高锚杆预紧力和支护强度对保持围岩"小结构"稳定性的具有重要意义。

陆士良提出了沿空留巷顶板下沉量取决于裂隙带岩层取得平衡之前的急剧沉降,沿空留巷的顶板下沉量属"给定变形",与采厚呈正比例关系,一般为采厚的 $10\% \sim 20\%$。

柏建彪通过建立沿空掘巷基本顶弧形三角结构的力学模型,

对弧形三角结构稳定性进行力学分析,揭示了弧形三角结构稳定性原理及对沿空掘巷的影响,从理论上研究分析综放沿空掘巷外部围岩稳定条件,为窄煤柱沿空掘巷围岩稳定控制提供了可靠的理论依据。

涂敏运用 Winkler 弹性地基理论,把沿空留巷上方顶板看作弹性薄板条,建立顶板运动力学模型,推导出顶板的挠曲运动方程,分析顶板内应力的分布特征,并提出了计算巷旁支护阻力的新方法。

王红胜建立了沿空巷道窄帮围岩结构力学模型,提出了沿空巷道基本顶 4 种断裂结构形式,推导了窄帮载荷计算公式,系统分析了基本顶断裂产生的动载效应对窄帮稳定性的影响,得出了窄帮应力与应变变化规律。

1.2.3　巷内预充填体稳定性研究现状

苏联在沿空留巷技术的应用方面做了大量的研究工作。据报道,至 1993 年俄罗斯无煤柱开采的产量占总产量的 80%,在各种无煤柱护巷方式中,应用最广的是沿空留巷,占 65%。德国无煤柱开采多为沿空留巷,采用石膏、飞灰加硅酸盐水泥、岩石加胶结料等低水材料作为巷旁充填材料,有效地减少了重型支架和巷道的变形,从而实现 $14\sim18$ m² 断面巷道的第二次利用,且不需修理,取得了良好经济效益。在埋深 $800\sim1\ 000$ m 的煤层开采中成功地运用了沿空留巷技术,并通过实测得出了预计留巷移近量的经验公式。英国煤层普遍较薄,多用沿空留巷,且高水材料充填已占巷旁充填的 90% 左右。

目前,国内在应用沿空留巷时,绝大多数都要设置巷旁支护。目前,国内应用较广的巷旁支护主要有:木垛巷旁支护、密集支柱巷旁支护、矸石带巷旁支护、人造砌块巷旁支护以及巷旁泵充填支护技术等。

根据国内外沿空留巷研究成果及现场施工案例,沿空留巷系统稳定性受到很多因素影响,其中主要因素包括留巷所在位置的矿山压力、留巷围岩类型特别是顶板岩性、留巷充填体力学性能等。其中,充填体力学性能是主要因素之一,也是人为可以控制的主要因素,要保证沿空留巷稳定性,要求充填体具有足够的支护阻力能避免直接顶严重破裂,并使其与上位岩层之间不产生较大的离层,以缩短顶板剧烈活动的时间,减少顶板的下沉量。但是沿空留巷巷旁支护难以阻止上位岩层取得平衡之前所产生的顶板沉降,因此要求充填体具有足够的可缩量以适应顶板的活动,通过适当的下缩让压,充分发挥围岩的承载能力。众多工程案例也表明,尽管充填体承受的载荷还没有达到设计值,甚至达到设计强度的30%左右就发生充填体开裂、破坏现象,这主要是充填体上产生应力集中以及充填体可缩量不能适应顶板岩层活动所导致的。

英国 Wilson、Whittaker 等利用岩体结构静力关系提出了分离岩块力学模型。英国 Smart 提出了顶板倾斜力学模型,核心思想是限制巷道煤体一侧到采空区边缘之间的顶板的下沉量,阐述了顶板倾斜角和转动支点位置是巷旁支护设计的两个重要参数的观点。苏联学者胡托尔诺依将采场矿压悬臂模型推广到沿空留巷的研究中,得到了计算巷旁支护切顶工作阻力计算公式。

孙恒虎、吴健等从三维空间和动态上深入研究沿空留巷机理,采用了现场研究、立体模型研究和数学力学解析相结合的综合研究方法,研究了沿空留巷矿压显现,提出了沿空留巷矿压新理论,并在此基础上,首先提出了巷旁支护参数设计的理论和方法,对煤矿生产具有指导意义。

郭育光研究认为巷旁支护应具有早期强度高、增阻速度快的特点,紧随工作面构筑,巷旁充填体及时对直接顶提供支护阻力,避免直接顶与上部岩层离层,并能够及时切顶,这样充填体上的支护载荷也得到降低,从而有利于留巷顶板的变形控制。因此,巷旁充填体要及时提供对顶板的支护阻力,而且达到能够切断直接顶的能力,让基本顶在充填体支护边缘侧及时切断。垮落的矸石由于破碎后体积增大,当充满采空区时,更上位岩层在煤体和矸石的支撑下,取得运动平衡,巷道围岩变形趋向缓和。采高决定巷旁支护的切顶高度。巷旁支护阻力大小应根据块体不同时期的平衡条件推导出不同时期的巷旁支护阻力的计算式。

漆泰岳对不同围岩条件下基本顶断裂引起的整体浇注充填的支护强度和变形能力进行了深入的研究,提出了使沿空留巷巷道保持稳定的整体浇注充填体支护强度与变形的理论计算方法,并对沿空留巷的整体浇注充填体的适应性进行了分析。

李化敏分析了沿空留巷顶板岩层运动的过程及其变形特征,明确了顶板岩层运动各阶段巷旁充填体的作用,根据充填体与顶板相互作用原理,确定了各阶段沿空留巷巷旁充填体支护阻力的控制设计原则,并建立了相应的支护阻力及合理压缩量数学模型。

谢文兵等采用适于分析岩层断裂和垮落的数值分析软件UDEC建立相应的数值分析模型,分析了留巷前巷道支护形式、充填体宽度、充填方式、充填体强度和端头不放顶煤长度等对综放沿空留巷产生的作用和效果。研究结果表明:留巷顶板下沉是基本顶回转运动与围岩变形的综合反映;充填体上方顶煤位移由基本顶岩层运动引起,由浮煤和充填体压缩变形以及充填体承载前预留变形量三部分组成;留巷前巷道支护形式无法控制基本顶回转量,但锚网支护巷道留巷效果比架棚巷道好;端头留设一定长度的顶煤不放,有利于基本顶回转触矸后形成具有自稳能力的承载结构。当采用综放沿空留巷时,在保证顶煤及顶板稳定前提下,合理利用围岩移动规律,确定合理充填方式和充填体强度,就能保证充填体稳定,达到很好的留巷效果。

桂海霞等提出保持直接顶稳定,降低其突变所引起的危害是沿空留巷顶板控制的关键。基于沿空留巷直接顶力学模型,采用能量平衡分析法,建立了直接顶突变的燕尾突变模型。结合某工程实例,阐述了沿空留巷直接顶稳定性突变机理,分析了巷帮煤体支撑力、巷内支护阻力、充填体支撑力对直接顶稳定性突变的影响。实践表明,增加工作面超前加固范围,巷内支护采用高预应力强力锚杆与锚索等主动支护,巷旁采用膏体充填,能够提高充填体早期强度,延缓直接顶稳定性突变的发生和减轻突变发生的烈度。

徐金海、缪协兴、张晓春等利用最小势能原理,分析了煤柱与顶板的相互关系以及煤柱受力状况,并且建立了考虑顶板刚度及煤柱软化与流变的时间相关稳定性分析模型,引入了煤体的蠕变本构关系,对煤柱的长期变形和稳定性进行了分析,得到了煤柱保持长期稳定的必要条件及其保持稳定的最小时间计算公式。

1.2.4 沿空巷道支护技术研究现状

目前,巷道支护主要的支护理论有:悬吊理论,组合梁理论,组合拱理论,最大水平应力理论,减跨理论,压缩拱理论,围岩松动圈支护理论,围岩强度强化理论等。支护理论中较强调改善锚固区围岩力学性能与应力状态,控制围岩变形与破坏,从而进一步提出了高预应力、强力支护理论,巷道开挖后立即支护,并施加足够高的预应力,特别强调锚杆(索)预应力及其扩散对支护的作用,进一步深化了对锚杆作用机理的认识。

柏建彪等通过对综放工作面采场应力分析,运用锚杆支护围岩强度强化理论,提出了综放工作面沿空掘巷围岩控制机理。树脂加长锚固高强锚杆支护能提高围岩力学参数,提供较高的支护阻力并具有较大的延伸率,适应综放工作面沿空巷道高应力和大变形特点。采用高强锚杆支护系统能有效地保持综放沿空掘进巷道的稳定,并成功地应用于工程实践。

张东升采用相似材料模拟和数值模拟方法对综放沿空巷道基本顶破断位置与形状、不同支护方式对顶板活动的影响、巷旁充填技术参数进行了研究,得到了采用锚杆(索)网联合支护有利于综放煤巷稳定的结论,为沿空掘巷窄煤柱护巷研究方法提供了借鉴。

王卫军等在分析综放沿空掘道顶煤力学环境的基础上,运用能量变分理论求解顶煤混合边界条件问题,并简要探讨了支护阻力、顶煤厚度、顶煤力学特性、巷道宽度和顶煤下沉量的关系。这对选择综放沿空掘巷顶煤的支护参数有一定的指导意义。

张农等分析得出迎采动工作面留小煤柱沿空掘巷受邻近工作面侧向顶板破断、转动及稳定的全过程动压影响后,顶板煤体离层,小煤柱破裂,围岩稳定性急剧恶化。为了保持巷道形状,防止大变形状态下的支护结构失效成为支护的关键。常规锚杆支护、锚杆与锚索联合支护等不能维持其稳定;而预拉力钢绞线桁架系统是控制顶板离层的有效支护方式,结合高性能预拉力锚杆、M形钢带、小孔径预拉力短锚索等,形成预拉力组合支护技术,可以较好地解决该类问题。

华心祝等从如何提高岩层的自我承载能力入手,提出了一种主动的巷旁加强支护方式——巷旁采用锚索加强支护,巷内采用锚杆支护。建立了考虑巷帮煤体承载作用和巷旁锚索加强作用的沿空留巷力学模型,并分析了巷内锚杆支护和巷旁锚索加强支护的作用机理。研究成果为较大采高工作面沿空留巷技术提供了理论依据和借鉴经验。

靖洪文等为了给深井综放沿空掘巷的支护选型和参数设计提供指导与依据,首先从结构力学的角度对目前综放沿空掘巷常用的工字钢棚和锚网梁(索)2种支护形式的作用机理进行了分析,然后通过实验室物理模拟试验研究了上述两种支护形式的作用效果,并且从关键承载层与次生承载层的相互关系分析了锚索的支护作用。结果显示,锚网梁(索)支护能很好地适应深井综放沿空掘巷的变形特点与维护要求,是理想的支护形式;顶板锚索的作用主要是将锚杆锚固形成的次生承载层与深部关键承载层连接起来,大大增强围岩稳定性。

康红普等以淮南谢家集第一煤矿深部沿空留巷为工程背景,采用数值模拟分析巷道围岩变形与应力分布特征。井下实践表明:采用高预应力、强力锚杆与锚索作为巷内基本支护,单体支柱配铰接顶梁为加强支护,及膏体充填巷旁支护,能够有效控制深部沿空留巷围岩的强烈变形,保持留巷稳定。基于数值模拟与井下试验研究成果,分析巷内基本支护、加强支护与巷旁支护的相互关系,指出深部沿空留巷在顶板断裂位置、基本顶回转及围岩长期蠕变等方面与浅部留巷有很大区别,并提出了深部沿空留巷支护设计原则。

唐建新等在锚网索联合支护条件下,将沿空留巷顶板的变形分为 3 种类型,分析了顶板离层与顶板变形形态的关系,阐述了顶板离层机理,计算了顶板离层临界值,并将理论分析结果应用于四川达竹煤电集团金刚煤矿 3117 采煤工作面沿空留巷中。巷内采用锚网索联合主动支护方式控制顶板离层,巷旁采空区侧增补顶板锚索及时切顶以弥补普通混凝土巷旁充填体初期强度的不足。

1.2.5 国内外沿空巷道工程实践研究现状

1.2.5.1 国外沿空巷道工程实践研究现状

在世界的主要产煤国家的煤矿企业在日常生产组织中以减少巷道掘进率、提高矿井资源回收率、实现矿井生产的连续性和提高企业经济效益为主要追求目标。有的采用往复式开采,在回采工艺上多采用前进式或者后退式的沿空留巷技术以实现工作面的无煤柱护巷开采。在沿空留巷技术研究上对留巷适应条件、围岩变形破坏机理、巷旁及留巷巷道支护方式以及充填新材料的开发进行了深入的研究。英国、德国、苏联和波兰等国家在这方面投入的研究较多。

英国的煤矿采用前进式开采,历史较长。近些年来,尽管后退式开采工艺有所增加,但前进式开采占有的比重仍然有 60% 左右,因此,英国煤矿对沿空留巷技术的研究较多。20 世纪 70 年代末,英国国家煤炭局又加紧研究巷旁充填技术,材料是两种浆液,一种是粉煤灰＋水泥＋悬浮剂,另一种是水泥＋膨润土,将这两种浆液混合注入充填袋中,该方式存在的问题是硬化体抗压强度低,达不到要求;随后他们又研究了一种新的充填技术,同样由两种原料组成:一种是由矾土水泥、无水碳酸钙、硅酸水泥等8种原料混合而成,另一种是由膨润土等原料组成。在此基础上,英国相关研究机构又进行了深入研究,材料性能得到了提高,使材料的配水比能达到近90%,该技术性能较好,很快在英国的煤矿进行了大面积推广。

德国是世界采煤技术最发达的国家之一。沿空留巷技术在该国煤矿开采技术中发挥了重要的作用。无论是普通的回采工作面巷道,还是盘区的集中巷道,甚至大断面的回采工作面切眼,都通过沿空留巷方式保存下来,用作矿井开采通道。早期,他们应用无煤柱开采沿空留巷巷旁支护主要是风力充填,充填材料大体分为三类:一是天然石膏或合成石膏,其粒度<8 mm,石膏充填占整体巷道充填总量的2/3;二是粉煤灰和水泥;三是矸石加胶凝剂。这些方式在巷旁支护中取得了明显成效。

苏联自20世纪60年代开始试验推广沿空留巷技术,对沿空留巷巷旁支护也进行了大量的研究。根据矿区的特点,在寻求廉价而且来源丰富的巷旁支护材料做了不少研究。例如用矸石、水泥炉渣以及粉煤灰等不同配比轻质混凝土砌墙,代替人工矸石袋、木垛填石以及丛柱等。在该国沿空留巷中主要用于开采薄及中厚煤层、顶板比较稳定和底板比较坚硬的煤层中效果较好,但在顶板不稳定,底板软弱时,效果并不理想。据不完全统计,苏联无煤柱开采产量曾经占地下开采的50%左右。

波兰煤矿有用水沙充填作沿空留巷巷旁支护,有用矸石带支护,还有用混凝土砌墙和密集支柱等,也都取得了很好的效果。

1.2.5.2 国内沿空巷道工程实践研究现状

从20世纪50年代开始,我国形成科研部门、高等院校及煤矿企业共同投入的方式单独或采取合作的方式对沿空留巷特别是巷旁充填技术进行了大量的研究和试验,目前已经取得了可喜的成果,目前国内许多领域的研究成果都处于国际领先地位。我国在沿空留巷技术领域的研究和发展情况,大致可分为以下4个阶段。

第一阶段,20世纪50年代起,主要研究表现为现场实测和宏观规律研究阶段。沿空留巷的施工主要在1.5 m以下的较薄煤层中进行,巷旁支护比较简单,主要采用矸石作巷旁支护。主要应用矿区有:鸡西、双鸭山、淄博、本溪等矿区试用推广。采用破碎矸石作为巷旁支护主要材料,既减少了矿井矸石外运的量和掘进巷道工程量,又提高了采区回采率。但对于没有采取措施处理的破碎矸石其受压变形量比较大,难以与巷道原有支护相匹配,留巷巷道围岩变形严重,后续维护量较大,而且不利于安全管理。

第二阶段,20世纪六、七十年代,主要研究表现为沿空留巷相关矿压显现机理研究的发展阶段,主要为二维分析处理阶段。在此期间沿空留巷适应的煤层厚度增加,主要在1.5～2.5 m中厚煤层,留巷巷道断面也不断加大,对顶板相对稳定的矿井,如平顶山、徐州、淮北、枣庄、焦作等矿区,应用密集支柱、金属支柱、木垛和矸石砌块等作巷旁支护等措施沿空留巷,解决了矿井的接续问题,而且巷道复用维修量不大,基本保持稳定,在沿空留巷实施和推广方面取得一定成效。

第三阶段,20世纪80年代以后,主要表现为对沿空留巷的机理和理论更深入的动态研究阶段,在前期研究获得成果的,进一步完善了沿空留巷的理论,丰富了沿空留巷技术,并将矿压机理和岩层活动最新理论进行有机结合。随着我国煤矿大力推行综合机械化采煤,以及采高不断增加、工作面推进加快,导致巷道顶底板下沉量增大。20世纪80年代初,国家煤炭管理部门为了提高我国的沿空留巷技术水平,先后从德国、英国吸收、引进了充填材料和相关设备,并在平顶山、开滦、阳泉等矿区进行试验研究,取得较好的效果。经过高等院校、生产单位和科研单位共同深入试验研究，经过 10 多年现场试验和理论研究，至 20 世纪 90 年代初，我国在充填设备和充填材料方面已经取得很多成果，并应用于生产实际。中国矿业大学成功研制了国内的高水速凝材料，在高水材料方面的研究一直处于国际领先水平。利用高水速凝充填材料在巷旁实现机械化构筑护巷充填体的技术，代表了目前沿空留巷技术的世界水平。但需指出的是，这种技术要建立一套复杂的充填材料加工、运输和泵运充填系统，并装备相应的一整套设备，生产成本较高，故目前在大多数矿井中还难以广泛推广应用。

第四阶段，20 世纪 90 年代以来，我国的一些学者开始尝试在厚煤层甚至放顶煤工作面进行了沿空留巷实验研究，中国矿业大学的研究人员曾在潞安集团常村煤矿 S-6 综放工作面成功实施高水材料巷旁充填沿空留巷，巷道内采用锚网索联合支护，在巷旁高水材料支护体上增加锚栓提高充填体的力学性能；并在王庄煤矿实现综放小断面沿空留巷的"J"形通风系统。

沿空留巷技术的研究与应用从 20 世纪 50 年代开始，一直是我国煤炭开采技术研究的重要发展方向。特别是近年来，绿色开采、可持续发展等国家能源政策制定后，沿空留巷技术是其中重点发展方向之一。目前，国内外在薄及中厚煤层巷道中进行沿空留巷技术已基本完善，巷内支护、巷旁支护、补强支护和煤帮边角加固技术也趋于成熟；但在中厚煤层工作面、厚煤层大断面巷道及综放工作面中采用沿空留巷技术尚不够理想，在围岩稳定性维护方面还存在一定技术问题，限制了沿空留巷技术在更为广泛条件下推广应用。

1.3 研究存在的问题

国内外一些专家学者对沿空巷道进行了大量的研究，也取得了丰硕的研究成果，但作者认为目前研究还存在以下不足：

（1）基本顶弧形三角块不同的破断位置及不同的围岩地质条件对充填体和沿空巷道稳定性影响研究不够。弧形三角块不同的破断位置对下位充填体和煤岩层的受力影响极大，导致充填体、顶煤和直接顶变形量不同。同时，巷道埋深，基本顶、直接顶和煤层的强度和厚度以及充填体的强度和宽度等均对充填体和沿空巷道的稳定性产生较大影响。

（2）巷内预充填无煤柱掘巷充填体对"小结构"稳定性研究不够。巷内预充填无煤柱掘巷与一般留窄煤柱掘巷的最大特点就是构筑的充填体其宽度和强度可人为控制和人为设定，即用较大强度的充填体置换出强度较小的实体煤，使得从上工作面回采开始，直到无煤柱掘巷阶段和回采阶段，由充填体造成整个"小结构"的应力分布和塑性区分布等都将呈现出不同的特点。

（3）巷内预充填无煤柱掘巷支护机理的研究不够。沿充填体无煤柱掘巷处的实体煤在受上工作面采动侧向支承压力的作用后，将产生不同程度的塑性变形，甚至存在破碎松动区，这对掘巷支护造成较大难度。同时在上覆岩层运动及基本顶破断回转的作用下，巷道围岩受力复杂，不同区域呈现出不同的破坏形式，使得支护机理不尽相同。

1.4 研究内容及方法

1.4.1 研究内容

本书以巷内预充填无煤柱掘巷工程实践为背景，进行无煤柱掘巷围岩结构演化规律与控制技术的研究。综合运用理论分析、数值模拟、现场监测和工业性试验等方法，根据综放巷内预充填无煤柱掘巷围岩结构演化特点，建立文克尔弹性地基梁模型，分析并得到巷内预充填无煤柱开采适应性的判据，揭示充填体与"大、小结构"的相互作用关系,分析本工作面掘进和回采阶段基本顶的运动对充填体和巷道围岩的应力、变形及塑性区分布规律,确定充填体的参数,并提出"分区非匀称"沿空巷道支护技术。主要内容如下:

(1)基本顶弧形三角块模型的建立与充填体应力分析

基于基本顶在工作面侧向破断形成的弧形三角块,建立了相关岩层结构的文克尔弹性地基梁模型,分析了基本顶弧形三角块不同的破断位置及不同的围岩地质条件对充填体和沿空巷道稳定性影响,分析并得到任一采矿地质条件下巷内预充填无煤柱开采适应性的判据。

(2)上工作面回采阶段巷内预充填体与"大、小结构"的相互作用

采用数值模拟软件,分析上工作面回采阶段不同的巷内预充填体强度和宽度、不同的顺槽支护强度、不同的端头不放煤宽度等可改变的主观因素对"大、小结构"的影响,并得出充填体与"大、小结构"的相互作用关系。

(3)本工作面掘巷及回采阶段围岩变形与破坏特征

分析本工作面掘进和回采阶段,"大结构"对"小结构"稳定性的影响,即分析两阶段过程中基本顶的运动对充填体和巷道围岩的应力、变形及塑性区的分布规律。

(4)巷内预筑充填体的稳定性与参数确定

分析了巷内预筑充填体的作用机理及其在服务期间的受力特征,在此基础上合理确定了充填体的参数。

(5)巷内预充填无煤柱掘巷变形机理及支护技术

通过分析上工作面回采、本工作面掘巷和本工作面回采"三阶段"围岩变形机理,分别对上工作面顺槽、充填体顶板、本工作面顺槽的支护技术进行分析研究,最终得出巷内预充填无煤柱掘巷"分区非匀称"支护技术。

1.4.2　研究方法

根据本书的主要研究内容,在大量调研的基础上,采用理论分析、数值模拟、现场监测和工业性试验相结合的综合研究方法,对综放巷内预充填无煤柱掘巷围岩结构演化规律与控制技术进行系统研究。主要研究方法为:

(1)理论分析

基于基本顶在工作面侧向破断形成的弧形三角块,建立基本顶、直接顶、煤层和充填体等相关岩层结构的文克尔弹性地基梁模型,分析基本顶弧形三角块不同的破断位置及不同的围岩地质条件(包括埋深,基本顶的厚度、弹性模量,直接顶的厚度、弹性模量,煤层的厚度、弹性模量等)对充填体和沿空巷道稳定性影响,初步得出充填体的宽度和强度,从而分析任一地质条件下巷内预充填无煤柱开采的适应性。

(2)数值模拟分析

采用数值模拟软件,分析上工作面回采阶段不同的巷内预充填体强度和宽度、不同的顺槽支护强度、不同的端头不放煤宽度等可改变的主观因素对"大、小结构"的影响,并得出充填体与"大、小结构"的相互作用关系。

分析本工作面掘进阶段和回采阶段,"大结构"对"小结构"稳定性的影响,即分析两阶段过程中基本顶的运动对充填体和巷道围岩的应力、变形及塑性区的分布规律。

(3)工程实践与监测

为掌握上工作面 S511 回采期间以及本工作面 S510 掘进与回采期间巷道变形规律及充填体应力变化规律,对两巷道围岩表面移近量、顶板深部位移量、锚杆锚索轴力变化情况及充填体应力等进行了长期的矿压监测。

2 基本顶弧形三角块模型的建立与充填体应力分析

本章介绍了巷内预充填无煤柱掘巷技术的原理及特点,它主要是在巷内预筑充填体将原相邻工作面应留设的区段(窄)煤柱置换出来,实现无煤柱开采。基于基本顶在工作面侧向破断形成的弧形三角块,建立了相关岩层结构的文克尔弹性地基梁模型,分析了基本顶弧形三角块不同的破断位置、不同的围岩地质条件及充填体自身的参数对充填体稳定性影响,进而分析任一地质条件下巷内预充填无煤柱开采的适应性。

2.1 巷内预充填无煤柱掘巷技术概述

2.1.1 巷内预充填无煤柱掘巷技术的原理

为减少厚煤层开采区段煤柱的损失,提出巷内预充填无煤柱开采技术,即利用上工作面安装前的时间,在上区段工作面的平巷内,紧靠下一区段的巷帮煤壁,预置充填体墙,本工作面平巷掘进时沿充填体墙进行,不再留设煤柱,利用充填体墙将原相邻工作面应留设的区段煤柱置换出来,实现厚煤层综放面无煤柱开采。

如图 2-1 所示,巷内预充填无煤柱掘巷技术的步骤为:① 扩大断面掘巷,即上区段工作面平巷掘进时做扩大断面处理,预留出

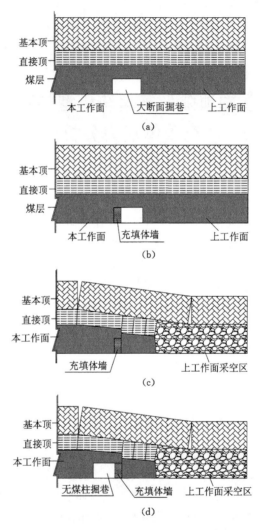

图 2-1　巷内预充填无煤柱掘巷技术步骤

（a）大断面掘巷；（b）构筑充填体墙；（c）上工作面回采；（d）无煤柱掘巷

巷内充填体的宽度;② 巷内构筑充填体,其高度与采高一致,宽度和强度需同时满足上工作面回采阶段、本工作面无煤柱掘巷阶段和本工作面回采阶段的稳定性;③ 上工作面回采;④ 待上工作面回采覆岩基本稳定后,沿充填体掘本工作面的平巷。

2.1.2 巷内预充填无煤柱掘巷的技术特点

(1)具有一般留窄煤柱沿空掘巷的优势,巷道只受一次采动影响;充填体虽受两次采动一次掘巷影响,但受第一次采动时,充填体一侧是实体煤,受第二次采动影响时,充填体一侧是较稳定的压实采空区,而掘巷时小范围的围岩应力受到扰动影响,对"大结构"的稳定影响小,皆对充填体的稳定性有利。

(2)与留窄煤柱相比,充填体的强度和宽度是可以人为设置的,提前计算出在上工作面回采、本工作面掘巷和本工作面回采等"三阶段"过程中,能够同时满足充填体和沿空巷道稳定的宽度和强度,而留窄煤柱时只能通过锚网索或注浆等方式来对煤柱进行加固保持其稳定性;同时,通过构筑充填体将窄煤柱置换出来,实现了无煤柱开采,即兼备了部分沿空留巷的优点。

(3)巷内预充填无煤柱掘巷充填体宽度要求小,宽高比在 0.5以下,甚至更小,从而有效降低充填成本。

(4)充填体在上工作面回采之前就构筑好,与沿空留巷相比,对材料的初期强度要求低,即不需要在构筑的初期就达到较高的强度,只需最终强度达到设计要求即可,并且构筑工作不与回采工作交叉,而是相互独立,不影响矿井生产。

(5)上工作面和本工作面的平巷相对于沿空留巷服务年限短,它们都只为一个工作面服务,巷道维护难度、费用降低。

(6)相比较于沿空留巷,巷内预充填无煤柱掘巷要多掘一条巷道,增加了巷道掘进工作量。

2.2 基本顶弧形三角块的形成

上区段工作面回采过程中,采空区上覆岩层垮落,基本顶初次来压形成"O-X"破断,随着工作面的推进,煤层上方的基本顶周期破断后的岩块沿工作面走向方向形成砌体梁结构,在工作面端头破断形成弧形三角块,如图 2-2、图 2-3 所示。弧形三角块断裂回转下沉,它的断裂位置、运动状态及稳定性直接影响下方预构筑的充填体及煤体的应力、变形。

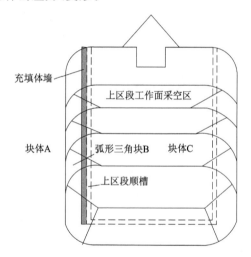

图 2-2 巷内预充填基本顶弧形三角块结构的平面图

根据基本顶的破断、运动特征,结合图 2-2、图 2-3 弧形三角块平面图和剖面图,对基本顶弧形三角块结构做如下简化:

(1)上工作面回采后,基本顶一般在充填体左侧的煤壁内断裂,破断后形成弧形三角块 B,并以该断裂线为轴向下回转。

(2)由于工作面周期来压步距基本相同,基本顶的破断特征

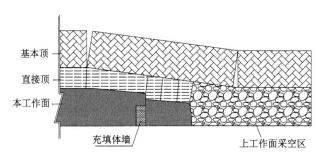

图 2-3　巷内预充填基本顶弧形三角块结构的剖面图

基本一致,将弧形三角块 B 简化为等腰弧形三角。

（3）弧形三角块 B 以给定变形作用于下方的直接顶、实体煤和充填体。

（4）本工作面回采期间,A 岩块下的直接顶、煤层受压下沉,B 岩块发生回转下沉。

基本顶弧形三角块结构参数主要有:基本顶沿工作面推进方向断裂长度 b,基本顶沿侧向断裂跨度 l,弧形三角块在煤体中的断裂位置 X_0。

（1）b 的确定

b 的值可以通过现场矿压观测或理论计算得到,b 可用下式计算:

$$b = h\sqrt{\frac{R_t}{3q}} \qquad (2\text{-}1)$$

式中　h——基本顶厚度,m;

　　　R_t——基本顶的抗拉强度,MPa;

　　　q——基本顶单位面积承受的载荷,MPa。

对放顶煤来说,基本顶岩层的周期来压一般为 10～20 m。

（2）l 的确定

l 是三角块 B 沿倾向断裂跨度,根据板的屈服线分析法,认为

l 与工作面长度 s 和基本顶周期来压步距 b 有关,则 l 长度可用下式计算:

$$l = \frac{2b}{17} \left[\sqrt{\left(10\frac{b}{s} \right)^2 + 102} - 10\frac{b}{s} \right] \tag{2-2}$$

根据计算分析,当 $s/b > 6$ 时,弧形三角块的侧向跨度 l 与周期来压步距 b 基本相等。对于长壁工作面,基本顶周期来压步距一般在 $10 \sim 20$ m,工作面长度在 $150 \sim 300$ m 之间,s/l 约为 $7 \sim 30$。所以近似认为 $l = b$。

(3)基本顶的断裂位置 X。

基本顶在实体煤上方的断裂位置对综放巷内预充填无煤柱掘巷及充填体的稳定性起着关键性的作用。基本顶的断裂位置影响采空区侧充填体与煤岩体的应力分布规律、巷内预充填体的强度宽度、无煤柱巷道围岩的完整性及外部力学环境,甚至决定某一采矿地质条件下能否采用巷内预充填无煤柱开采方式,即涉及巷内预充填无煤柱开采的适应性问题。

影响基本顶断裂位置的因素有很多,主要有埋深、原岩应力状态、充填体的宽度和弹性模量、煤层的厚度和弹性模量、直接顶的厚度和弹性模量、基本顶的厚度和弹性模量等,下面进行具体分析。

2.3 基本顶弧形三角块模型的构建与分析

2.3.1 基本顶弧形三角块力学模型

根据基本顶弧形三角块结构的特点,将弧形三角块简化为两段弹性地基梁与一段悬臂梁结合的模型。如图 2-4、图 2-5 所示,a 段是以直接顶与煤层为地基的弹性梁;c 段是以顶煤、直接顶与充填体为地基的弹性梁;d 段为悬臂梁结构,其下方为采空区。其中两段弹性地基梁的计算采用常用的文克尔弹性地基梁模型求解。由之前的简化,弧形三角块 B 以给定变形作用于下方的直接顶、实体煤和充填体,悬臂梁右端的位移等于给定变形量,即弧形三角块恰好触矸时,该模型达到平衡。

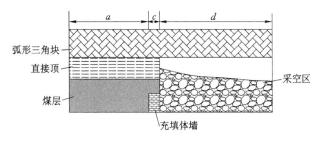

图 2-4　基本顶弧形三角块结构模型剖面图(三角块回转前)

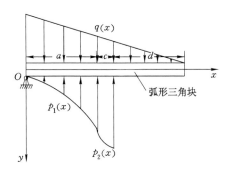

图 2-5　基本顶弧形三角块的力学模型

在上覆载荷的作用下,梁对地基产生一定的应力 σ,即:

$$\sigma = ky \tag{2-3}$$

式中　σ——地基载荷,MPa;

　　　k——弹性地基系数,N/m³;

　　　y——梁的竖直位移,m。

同时,在梁的作用下,地基面上将受到一定的压力 p,同时地

基也将产生一个对梁的向上的支反力,大小与 p 相等,即:

$$p = \sigma b \qquad (2\text{-}4)$$

式中 b——弧形三角块沿工作面推进方向断裂长度,m。

在上覆载荷与地基支反力的作用下,梁的右端将发生旋转,以及在竖直平面内的弯曲变形,在外力作用下,弹性梁需满足平衡微分方程:

$$EI\frac{\mathrm{d}^4 y}{\mathrm{d}x^4} = q(x) - p(x) \qquad (2\text{-}5)$$

式中 $q(x)$——上覆岩层对弧形三角块走向方向的线载荷, N/m;

$p(x)$——地基走向方向单位长度的支反力,N/m;

E——弧形三角块弹性模量,GPa;

I——弧形三角块的惯性矩,m^4。

下面,分别对两段弹性地基梁与一段悬臂梁右端的竖向位移进行求解。

(1) a 段弹性地基的竖向位移

a 段弹性地基为直接顶与煤层,由于弧形三角块为宽度渐变变截面梁,其抗弯界面系数为一个关于 x 的线性函数 $I(x)$:

$$I(x) = \frac{b_0 h^3}{12}\left(1 - \frac{x}{l}\right) \qquad (2\text{-}6)$$

式中 b_0——$x=0$ 处的弧形三角块沿工作面推进方向断裂长度,m;

h——弧形三角块的厚度,m;

l——弧形三角块沿侧向的断裂跨度,m。

代入平衡微分方程:

$$EI(x)\frac{\mathrm{d}^4 y}{\mathrm{d}x^4} + k_0 b(x) y = q(x) \qquad (2\text{-}7)$$

式中 k_0——a 段弹性地基系数,N/m^3。

$$EI_0 \frac{\mathrm{d}^4 y}{\mathrm{d}x^4} + k_0 b_0 y = q_0 \tag{2-8}$$

式中　q_0——$x=0$ 上覆岩层对弧形三角块走向方向的线载荷，
　　　　　　N/m；

　　　I_0——$x=0$ 处弧形三角块的惯性矩，m^4。

令 $k_0 b_0 = k_a$，$\beta_1 = \sqrt[4]{\dfrac{k_a}{4EI_0}}$，将方程简化后得到一般情况下的

平衡微分方程：

$$\frac{\mathrm{d}^4 y}{\mathrm{d}x^4} + 4\beta_1 y = \frac{q_0}{EI_0} \tag{2-9}$$

式中　k_a——a 段线性弹性地基系数，N/m^2；

　　　β_1——特征系数，量纲为 m^{-1}，对弧形三角块的受力特征和
　　　　　　变形特性有重要影响。

从而得到竖向位移的解为：

$$y = \mathrm{e}^{\beta_1 x}(\alpha_{11}\cos \beta_1 x + \alpha_{12}\sin \beta_1 x) +$$

$$\mathrm{e}^{-\beta_1 x}(\alpha_{13}\cos \beta_1 x + \alpha_{14}\sin \beta_1 x) + \frac{q_0}{k_a} \tag{2-10}$$

（2）c 段弹性地基的竖向位移

对于 c 段，可以得到同 a 段相似的竖向位移解：

$$y_1 = \mathrm{e}^{\beta_2 (x-a)}[\alpha_{21}\cos \beta_2(x-a) + \alpha_{22}\sin \beta_2(x-a)] +$$

$$\mathrm{e}^{-\beta_2 (x-a)}[\alpha_{23}\cos \beta_2(x-a) + \alpha_{24}\sin \beta_2(x-a)] + \frac{q_0(l-a)}{k_c l} \tag{2-11}$$

式中　k_1——直接顶和顶煤的串联等效弹性地基系数；

　　　k_2——充填体的弹性地基系数；

　　　k_3——k_1 和 k_2 的串联等效弹性地基系数。

$$k_3 b_c = k_c，\beta_2 = \sqrt[4]{\frac{k_c}{4EI_c}}$$

式中　b_c——$x=c$ 处弧形三角块的长度,m；

　　　I_c——$x=c$ 处弧形三角块的惯性矩,m⁴；

　　　k_c——c 段线性弹性地基系数,N/m²；

　　　β_2——特征系数,量纲为 m⁻¹,对弧形三角块的受力特征和变形特性有重要影响。

（3）d 段悬臂梁的竖向位移

对于 d 段,取煤体及直接顶的碎胀系数分别为 1.4、1.35,工作面回采率 80%,则弧形三角块 B 靠采空区段刚触矸时位移量 w_0 为：

$$w_0 = 0.72M' - 0.35D \tag{2-12}$$

式中　M'——煤层的厚度,m；

　　　D——直接顶的厚度,m。

采用悬臂梁理论得出 d 段的竖向位移解：

$$y_2 = y_{a+c} + \theta_{a+c}(x-a-c) +$$
$$\frac{1}{E}\left[\frac{3lq_0 d}{bh^3}(x-a-c)^2 - \frac{lq_0}{bh^3}(x-a-c)^3\right] \tag{2-13}$$

式中　θ_{a+c}——$x=a+c$ 处弧形三角块的转角,rad；

　　　y_{a+c}——$x=a+c$ 处弧形三角块的铅垂向位移,m。

（4）弧形三角块模型的边界条件

弧形三角块左端简化为简支结构,弯矩与位移为 0,即：

$$y=0, M=0 \tag{2-14}$$

在 a、c 两段地基梁之间,a 段通过 a、c 两段连接面产生作用力,作用在 c 段上,所以有此处两段梁的位移、弯矩、剪力都相等,即：

$$y\,|_{x=a} = y_1\,|_{x=a} \tag{2-15}$$

$$\frac{\mathrm{d}^2 y}{\mathrm{d}x^2}\,\Big|_{x=a} = \frac{\mathrm{d}^2 y_1}{\mathrm{d}x^2}\,\Big|_{x=a} \tag{2-16}$$

$$\frac{\mathrm{d}^3 y}{\mathrm{d}x^3}\,\Big|_{x=a} = \frac{\mathrm{d}^3 y_1}{\mathrm{d}x^3}\,\Big|_{x=a} \tag{2-17}$$

在 c、d 两段,悬臂梁 d 通过两段连接面产生作用力,作用在 c 段之上,即 $x = a + c$ 时,有:

$$M = \frac{\mathrm{d}^2 y_1}{\mathrm{d}x^2} = \frac{q_0 d^3}{6l} \tag{2-18}$$

$$F = \frac{\mathrm{d}^3 y_1}{\mathrm{d}x^3} = \frac{q_0 d^3}{2l} \tag{2-19}$$

在弧形三角块最右端,即悬臂梁 d 末端,给定其一个位移 w_0,w_0 为恰好触矸时的位移,为一个常量,即:

$$y_2 \big|_{x=l} = w_0 \tag{2-20}$$

(5)充填体横截面正应力的求解

巷内预充填弧形三角块模型方程中的未知参数较为复杂,所以采用变量迭代的方法进行求解。解得参数 α_{11}、α_{12}、α_{13}、α_{14}、α_{21}、α_{22}、α_{23}、α_{24} 即可求解得出弧形三角块各处的位移,进一步推导得出充填体内的正应力,从而判断充填体是否满足强度的要求。具体变量迭代公式详见附录。

直接顶、顶煤与充填体的位移之和为弧形三角块 c 段的位移,即:

$$\varepsilon_0 h_0 + \varepsilon_1 h_1 + \varepsilon_2 h_2 = y_1 \tag{2-21}$$

式中　ε_0——顶煤的应变;

　　　h_0——顶煤的厚度,m;

　　　ε_1——直接煤的应变;

　　　h_1——直接顶的厚度,m;

　　　ε_2——充填体的应变;

　　　h_2——充填体的厚度,m。

当弧形三角块在刚触矸时达到平衡后,直接顶、顶煤与充填体铅垂方向正应力相等,即

$$E_0 \varepsilon_0 = E_1 \varepsilon_1 = E_2 \varepsilon_2 = \sigma \tag{2-22}$$

式中　E_0——顶煤的弹性模量,GPa;

E_1——直接顶的弹性模量，GPa；

E_2——充填体的弹性模量，GPa；

σ——充填体横截面处的正应力，MPa。

由式(2-21)和式(2-22)即可得出充填体横截面处的正应力：

$$\sigma = \cfrac{E_2}{\cfrac{E_2}{E_1}h_1 + \cfrac{E_2}{E_0}h_0 + h_2} \left\{ e^{\beta_2(x-a)} \left[\alpha_{21} \cos \beta_2(x-a) + \right. \right.$$

$$\alpha_{22} \sin \beta_2(x-a) \right] + e^{-\beta_2(x-a)} \left[\alpha_{23} \cos \beta_2(x-a) + \right.$$

$$\left. \alpha_{24} \sin \beta_2(x-a) \right] + \frac{q_0(l-a)}{k_c l} \right\}$$

$$(2\text{-}23)$$

2.3.2 充填体的应力分析

在分析充填体正应力时，采用固定变量法，研究某一变量对充填体正应力的影响，对离散数据进行线性回归拟合，得到拟合方程，分析数据之间关系，从而判断充填体是否满足强度的要求。

下面根据常村矿的具体条件和参数进行分析。S511综放面平均埋深450 m，该处的垂直应力 q_0=11.25 MPa，已采的相邻综放面的周期来压约20 m，此处取弧形三角块的长度 b=20 m，基本顶的厚度 h=7.5 m、弹性模量 E=11 GPa，直接顶的厚度 D=3.4 m、弹性模量 E_1=4.5 GPa，煤层的厚度 M'=6.1 m、采高为3.2 m（放煤高度2.9 m）、弹性模量 E_0=1.6 GPa，由式(2-12)得出触矸位移，设定充填体的宽度 c=1.6 m，高度为采高，充填体强度等级为C30，弧形三角块在实体煤上的破断位置距充填体右端的距离 X_0=7 m。分别分析埋深，基本顶的厚度、弹性模量，直接顶的厚度、弹性模量，煤层的厚度、弹性模量，充填体的宽度、弹性模量等因素对充填体正应力的影响。

（1）埋深对充填体横截面正应力的影响

分别取埋深 250 m、450 m、650 m、850 m，即上覆围岩载荷分别为 6.25 MPa、11.25 MPa、16.25 MPa、21.25 MPa 时，代入充填体横截面的正应力计算公式（2-23），得出充填体的正应力，如表 2-1 所列。

表 2-1 不同埋深情况下充填体横截面的正应力

埋深/m	250	450	650	850
$\sigma_{埋深}$/MPa	6.25	11.25	16.25	21.25
σ/MPa	28.25	30.74	32.96	35.17

注：$\sigma_{埋深}$为埋深所对应的载荷。

图 2-6 为充填体横截面正应力随巷道埋深的变化规律，其中 R^2 为回归系数，当趋势线 R^2 的值约近似于 1 时，说明趋势线最可靠。由图可知，充填体横截面正应力与巷道埋深呈线性关系，随着埋深的增加，充填体的正应力线性增大。因此，巷道埋深越大，要求构筑的充填体的强度就越高。

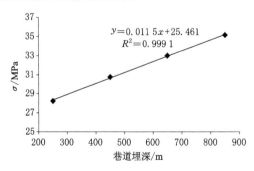

图 2-6 充填体横截面正应力随巷道埋深的变化规律

（2）基本顶厚度对充填体横截面正应力的影响

取基本顶的厚度为 5～20 m，表 2-2 为计算得到的结果。

表 2-2 基本顶不同厚度下充填体横截面正应力

h/m	5	7.5	10	15	20
σ/MPa	41.3	30.74	21.1	17.1	16.6

图 2-7 为充填体横截面正应力随基本顶厚度的变化规律。由图可知,充填体横截面正应力与基本顶厚度近似成三次函数关系,随着基本顶厚度的增加,充填体的正应力逐渐减小,且减小的幅度逐渐减缓。在外力约束条件不变的情况下,基本顶厚度越大,弧形三角块在充填体上部的变形量越小,充填体的应力越小。因此,基本顶厚度越大,要求构筑充填体的强度就越小。

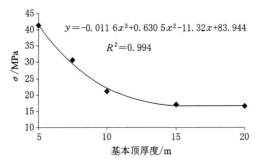

图 2-7 充填体横截面正应力随基本顶厚度的变化规律

(3) 基本顶弹性模量对充填体横截面正应力的影响

取基本顶的弹性模量为 $5 \sim 30$ GPa,表 2-3 为计算得到的结果。

表 2-3 基本顶不同弹性模量下充填体横截面正应力

E/GPa	5	10	15	20	25	30
σ/MPa	66.20	45.50	16.17	12.00	10.00	9.40

图 2-8 为充填体横截面正应力随基本顶弹性模量的变化规律。由图可知,充填体横截面正应力与基本顶弹性模量近似成幂函数关系,随着基本顶弹性模量的增加,充填体的正应力逐渐减小,且减小的幅度逐渐减缓。当基本顶弹性模量达 20 GPa 后,横截面正应力变化不大,基本趋于稳定。在外力约束条件不变的情况下,基本顶弹性模量越大,弧形三角块越难变形,传递到充填体的应力越小。因此,基本顶弹性模量越大,要求构筑的充填体的强度就越小。

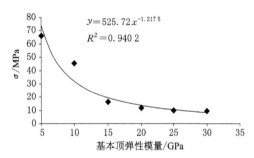

图 2-8 充填体横截面正应力随基本顶弹性模量的变化规律

（4）直接顶厚度对充填体横截面正应力的影响

取直接顶的厚度为 0~10 m,表 2-4 为计算得到的结果。

表 2-4 直接顶不同厚度下充填体横截面正应力

D/m	0	2	4	6	8	10
σ/MPa	258.4	54.4	25.23	14.07	8.17	4.53

图 2-9 为充填体横截面正应力随直接顶厚度的变化规律。由图可知,充填体横截面正应力与直接顶厚度成五次函数关系,随着直接顶厚度的增加,充填体的正应力逐渐减小,且减小的幅度减缓。直接顶的厚度增加,煤层采出后,采空区煤岩体垮落碎胀高度

加大,从而使得基本顶回转更小的角度就能触矸,充填体处基本顶下沉量减小,充填体的应力就相对减小,有利于充填体的稳定。

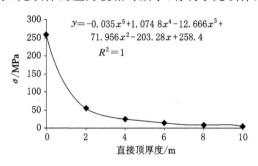

$$y=-0.035x^5+1.074\ 8x^4-12.666x^3+$$
$$71.956x^2-203.28x+258.4$$
$$R^2=1$$

图 2-9 充填体横截面正应力随直接顶厚度的变化规律

(5)直接顶弹性模量对充填体横截面正应力的影响

取直接顶的弹性模量为 $0\sim8$ GPa,表 2-5 为计算得到的结果。

表 2-5 直接顶不同弹性模量下充填体横截面正应力

E_1/GPa	0.1	2.0	4.0	6.0	8.0
σ/MPa	5.03	14.67	27.71	39.36	49.85

图 2-10 为充填体横截面正应力随直接顶弹性模量的变化规律。由图可知,充填体横截面正应力与直接顶弹性模量呈线性关系,随着直接顶弹性模量的增加,充填体的正应力线性增大。直接顶弹性模量较小时,基本顶回转造成的充填体上方的变形将更多地被直接顶靠自身的变形所吸收和化解,从而使充填体的应力更小。因此,直接顶弹性模量越大,要求构筑的充填体的强度就越大。

(6)煤层厚度对充填体横截面正应力的影响

取煤层的厚度 $3.2\sim10$ m,表 2-6 为计算得到的结果。

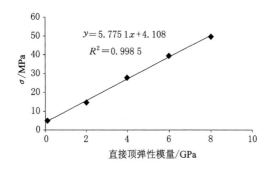

图 2-10 充填体横截面正应力随直接顶弹性模量的变化规律

表 2-6 煤层不同厚度下充填体横截面正应力

M'/m	3.2	5.0	6.0	8.0	10.0
σ/MPa	12.64	18.71	30.7	37.62	45.44

图 2-11 为充填体横截面正应力随煤层厚度的变化规律。由图可知,充填体横截面正应力与煤层厚度近似成对数关系,随着煤层厚度的增加,充填体的正应力逐渐增大。煤层厚度增加的规律与直接顶厚度增加的规律相反,随着煤层厚度的增加,煤层采出后采空空间越大,采空区煤岩体垮落碎胀高度相当越小,从而使得基本顶需要回转更大的角度才能触矸,充填体处顶板位移量加大,充填体的应力增大。

（7）煤层弹性模量对充填体横截面正应力的影响

取煤层的弹性模量为 0～5 GPa,表 2-7 为计算得到的结果。

表 2-7 煤层不同弹性模量下充填体横截面正应力

E_0/GPa	0.1	1.0	1.6	2.0	3.0	4.0	5.0
σ/MPa	145.50	38.60	30.74	28.65	27.10	26.21	25.80

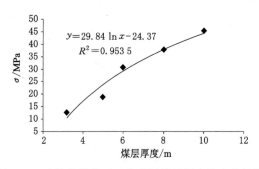

图 2-11　充填体横截面正应力随煤层厚度的变化规律

图 2-12 为充填体横截面正应力随煤层弹性模量的变化规律。由图可知,充填体横截面正应力与煤层弹性模量近似成五次函数关系,随着基本顶弹性模量的增加,充填体的正应力逐渐减小,且减小的幅度减缓。上工作面回采后,基本顶断裂回转通过直接顶将压力传递到充填体和煤层上,随着煤层弹性模量的增加,煤层抵御变形的能力更强,将分担更多的上覆岩层的压力,使得充填体处的应力变小。

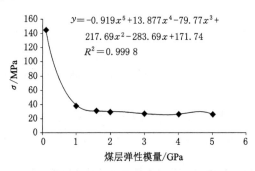

图 2-12　充填体横截面正应力随煤层弹性模量的变化规律

（8）充填体宽度对充填体横截面正应力的影响

取充填体的宽度为 0.8～2.0 m,表 2-8 为计算得到的结果。

表 2-8　充填体不同宽度下充填体横截面正应力

c/m	0.8	1.0	1.2	1.4	1.6	1.8	2.0
σ/MPa	47.60	41.47	37.51	33.60	30.74	27.62	23.49

图 2-13 为充填体横截面正应力随充填体宽度的变化规律。由图可知,充填体横截面正应力与充填体宽度近似成负对数关系,随着墙宽的增加,充填体的正应力逐渐减小,减小的幅度较小。在充填体受外力约束条件不变情况下,由于煤体的弹性模量小易变形,将在强度大的充填体上发生"集硬"效应,因此增加充填体的宽度,其受力截面更大,使充填体的应力变小。

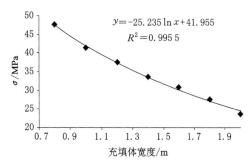

$$y = -25.235 \ln x + 41.955$$
$$R^2 = 0.995\,5$$

图 2-13　充填体横截面正应力随充填体宽度的变化规律

(9) 充填体弹性模量对充填体横截面正应力的影响

取充填体强度等级为 C15、C20、C30、C40,表 2-9 为计算得到的结果。

表 2-9　充填体不同弹性模量下充填体横截面正应力

充填体强度等级	C15	C20	C30	C40
E_2/GPa	22.0	25.5	30.0	32.5
σ/MPa	27.10	29.90	30.74	31.62

图 2-14 为充填体横截面正应力随充填体弹性模量的变化规律。由图可知,充填体横截面正应力与充填体弹性模量成三次函数关系,随着弹性模量的增加,充填体的正应力逐渐增大。在充填体受外力约束条件不变情况下,其弹性模量越大,越不易发生变形,因此在"集硬"效应作用下,充填体所受应力也就越大。

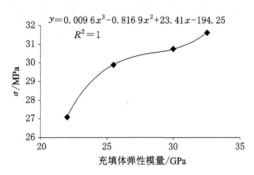

图 2-14　充填体横截面正应力随充填体弹性模量的变化规律

2.4　巷内预充填无煤柱开采适应性的判据

一般情况下,由于巷内预构筑的充填体宽度窄,弧形三角块将在实体煤侧断裂,如图 2-15(a)和(b)所示。而当工作面长度、工作面周期来压、煤层及顶底板等条件达到某些值时,则基本顶将有可能恰好在充填体墙外侧破断,如图 2-15(c)所示。此时上工作面基本顶及上覆岩层的压力难以传递到充填体墙处,因此充填体墙和充填体墙侧的实体煤将受到很小的上工作面采动侧向支承压力的影响,充填体墙的强度和宽度要求自然就低。基本顶在充填体墙外侧破断是一种特殊情况,大部分情况下,基本顶将在实体煤侧断裂,而基本顶不同的破断位置将直接影响充填体稳定性。

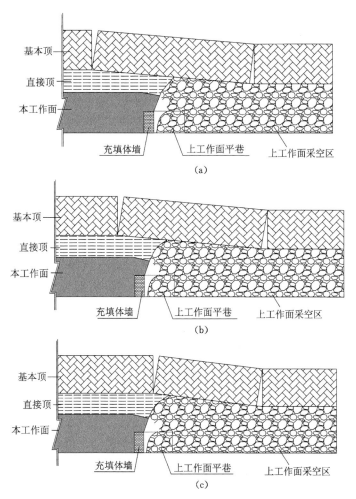

图 2-15　基本顶不同断裂位置示意图

（a）基本顶断裂位置距充填体较远；（b）基本顶断裂位置距充填体较近；
（c）基本顶在充填体外侧断裂

通过前面的充填体横截面处正应力的计算方法,代入常村矿 S511 综放面的采矿地质条件,改变基本顶的破断位置,得出充填 体的应力。由式(2-12)得出触矸位移 $w_0 = 3.2$ m,另外当破断位 置 X_0 距离充填体较远时,三角块右端将在端头不放煤处触矸,经 计算,当 $X_0 > 11$ m 时,触矸位移 $w_0 = 0.85$ m。

取不同的破断位置,代入式(2-23),得出充填体横截面的正应 力,如表 2-10 所列。

表 2-10 基本顶不同破断位置下充填体横截面的正应力

X_0/m	1	2	3	4	5	6	7	8	9	10
σ/MPa	216.3	109.4	109.4	82.5	63.3	45.6	30.7	30.4	29.9	28.9
X_0/m	11	12	13	14	15	16	17	18	19	20
σ/MPa	28.4	27.9	26.3	25.7	24.0	23.1	21.9	21.4	20.8	20.3

图 2-16 为充填体横截面正应力随基本顶破断位置的变化规 律,该破断位置为基本顶在实体煤断裂处与充填体靠采空区侧端 部的距离。由图可知,充填体横截面正应力与基本顶破断位置近 似成负指数关系,随着基本顶破断位置越靠近充填体,充填体的正 应力增大。当破断位置距离充填体为 6 m 时,墙体应力达 45.63 MPa,当破断位置距离充填体为 5 m 时,墙体应力达 63.29 MPa。 虽然通过加宽充填体的方式可以减少其应力,而由前面分析可知, 宽度增加与应力的减小呈线性,应力减小不明显,且增加充填体宽 度相应增加了构筑的成本。当破断位置距离充填体为 5 m 时,一 般强度的墙体都将破坏,导致无煤柱掘巷工程无法进行,而且随着 破断位置距充填体距离减小,墙体的应力急剧增加。基本顶在实 体煤中的断裂位置处为基本顶应力集中处,因此充填体越靠近基 本顶断裂处充填体和后期沿墙体掘出的巷道就越难维护。常村矿 S511 工作面回采后基本顶弧形三角块的破断位置将通过 UDEC

数值模拟得出。

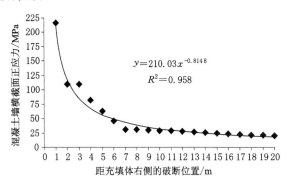

图 2-16 基本顶不同的破断位置下充填体的应力

根据以上分析,判定在常村矿的地质条件下,如果基本顶弧形三角块距充填体的破断位置小于 5 m 将不能采用巷内充填无煤柱开采技术,此时充填体强度要求大,充填体难以维护,易发生压裂破坏。因此,并不是所有的地质条件下都能进行巷内预充填无煤柱开采,通过分析基本顶的破断位置可得到该种开采方法的适应性,在工程实施前,必须作出预判,以免造成不必要的损失。

2.5 本章小结

(1)巷内预充填无煤柱掘巷是在上区段工作面的平巷内,紧靠下一区段的巷帮煤壁预筑充填体墙,上工作面回采结束覆岩稳定后,本工作面平巷掘进时沿充填体墙进行,不再留设煤柱,利用充填体墙将原相邻工作面应留设的区段(窄)煤柱置换出来,实现无煤柱开采。

(2)基于基本顶在工作面侧向破断形成的弧形三角块,建立了基本顶、直接顶、煤层和充填体等相关岩层结构的文克尔弹性地基梁模型,并分析了基本顶弧形三角块不同的破断位置、不同的围岩地质条件(包括埋深,基本顶的厚度、弹性模量,直接顶的厚度、弹性模量,煤层的厚度、弹性模量等)及不同的充填体参数对充填体稳定性影响,从而分析对应地质条件下巷内预充填无煤柱开采的适应性。

(3) 结合常村矿的地质条件,得出基本顶弧形三角块距充填体的破断位置小于 5 m 将不能采用巷内充填无煤柱开采技术,此时充填体强度要求大,充填体难以维护,易发生压裂破坏,在实施该项工程前,必须作出预判,以免造成不必要的损失。

3 一次采动影响下充填体与围岩结构的相互作用

　　第2章主要分析了不同埋深、基本顶不同的厚度和弹性模量、直接顶不同的厚度与弹性模量、煤层不同的厚度与弹性模量及基本顶弧形三角块 B 的不同的破断位置下对充填体稳定性影响，即客观因素对充填体参数的影响关系。本章主要采用 UDEC^{2D} 数值模拟软件，根据巷内预充填体强度和宽度可改变的特性，并且考虑不同的顺槽支护强度、不同的端头不放煤宽度等可改变的主观因素对"大、小结构"的影响。"大结构"是指巷道较大范围的围岩结构，包括顶煤、直接顶、基本顶和作用在基本顶上的载荷岩层；"小结构"是指巷道周围锚杆组合支护以及锚杆与围岩组成的锚固体。

3.1 充填体与"大、小结构"相互作用的数值模拟模型

3.1.1 数值模拟模型的建立

　　本章采用 UDEC^{2D} 数值模拟软件进行模拟，模型倾向长为 200 m，高度为 100 m，S511 工作面和 S510 工作面的煤层采用

2 m×2 m划分块体,中间煤柱采用 1 m×1 m 划分网格,直接顶采用 2 m×1.3 m 划分网格,基本顶采用 3.5 m×2.7 m 划分网格,底板均采用 5 m×3 m 划分网格,其中关键层加大网格尺寸。S511 工作面煤层平均厚度为 6.1 m,采高为 3.2 m,煤层底板位于模型 $Y=20$ m 处,煤层直接顶是泥岩,基本顶是砂岩,直接底为泥岩,煤层分布及煤岩体力学参数见表 3-1,不同强度等级充填体力学参数见表 3-2。模型两侧边界限定水平位移,模型底部限定竖直位移,煤层埋深 450 m,上边界施加上覆岩层自重 8.75 MPa,侧压系数为 0.47,煤岩层物理、力学模型如图 3-1 所示,数值计算模型如图 3-2 所示。

表 3-1 煤岩力学参数表

岩性	厚度/m	抗拉强度/MPa	弹性模型/GPa	容重/(kg/m³)
泥岩	4.80	2.20	4.50	2 400
细砂岩	7.10	5.80	10.30	2 600
泥岩	4.30	2.20	4.50	2 400
砂质泥岩	11.00	3.50	8.90	2 450
粉砂岩	3.40	3.10	9.70	2 500
中砂岩	1.26	5.80	10.30	2 600
粉砂岩	2.83	3.10	9.70	2 500
泥岩	3.43	2.20	4.50	2 400
3# 煤	6.10	1.40	1.60	1 400
泥岩	0.90	2.20	4.50	2 400
细砂岩	1.00	5.80	10.30	2 600
泥岩	5.50	2.20	4.50	2 400
粉砂岩	6.20	3.10	9.70	2 500

表 3-2 不同强度等级充填体力学参数表

充填体等级	容重 $\gamma/(kg/m^3)$	弹性模量 E/GPa	泊松比 μ	抗压强度 σ_c/MPa	抗拉强度 σ_t/MPa
C10	2 300	20.0	0.2	10	1.0
C20	2 300	25.5	0.2	20	2.0
C30	2 300	30.0	0.2	30	3.0
C40	2 300	32.5	0.2	40	4.0

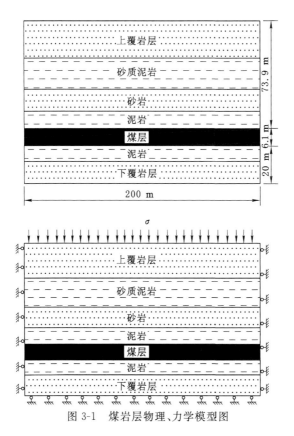

图 3-1 煤岩层物理、力学模型图

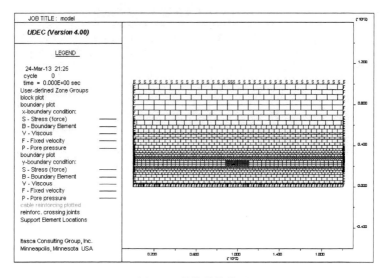

图 3-2 数值计算模型

3.1.2 数值模拟方案

（1）充填体强度等级为 C30，顺槽支护强度为"一"，不放煤宽度为 9.6 m（顺槽宽度加上三架不放煤端头架的宽度）时，模拟分析充填体宽度 c'（该宽度即是第 2 章的宽度 c，为了不与充填体等级 C 混淆，改为 c'）分别为 0.8 m、1.2 m、1.6 m、2.0 m 情况下，充填体及围岩应力、塑性区分布规律及基本顶的断裂位置。

（2）充填体宽度 c' 为 1.6 m，顺槽支护强度为"一"，不放煤宽度为 9.6 m 时，模拟分析充填体强度等级分别为 C10、C20、C30、C40 情况下，充填体及围岩应力、塑性区分布规律及基本顶的断裂位置。

（3）充填体强度等级为 C30，充填体宽度 c' 为 1.6 m，不放煤宽度为 9.6 m 时，模拟分析顺槽支护强度分别为"一"和"二"情况下,充填体及围岩应力、塑性区分布规律及基本顶的断裂位置。

（4）充填体强度等级为 C30,充填体宽度 c' 为 1.6 m,顺槽支护强度为"一"时,模拟分析不放煤宽度分别为 9.6 m 和 14.4 m(顺槽宽度加上六架不放煤端头架的宽度)情况下,充填体及围岩应力、塑性区分布规律及基本顶的断裂位置。

（5）不充填时,非截割帮处围岩的应力、塑性区分布规律,并将其与巷内充填(充填体强度等级为 C30、宽度 c' 为 1.6 m)情况下做比较。

S511 皮带顺槽断面呈矩形,巷道断面为 15.84 m²(4.8 m×3.3 m),其中,支护强度"一"和支护强度"二"具体参数介绍如下。

（1）支护强度"一"

① 顶板支护

锚杆:锚杆为 ϕ22 mm×2 400 mm 的螺纹钢,锚固长度为 1 m,预应力 50 kN。

锚杆布置:每排打设 6 根顶锚杆,锚杆间排距为 860 mm×1 000 mm。两侧靠帮部的锚杆与垂直方向呈 20°的角度,其余锚杆垂直于顶板打设。

锚索:ϕ17.8 mm×8 300 mm,锚固长度为 1.5 m。锚索预应力为 150 kN。

锚索布置:锚索每排两根,垂直顶板打设,间排距为 2 000 mm×1 000 mm。

② 巷帮支护

锚杆:锚杆为 ϕ22 mm×2 400 mm 的螺纹钢,锚固长度为 1 m,预应力 50 kN。

锚杆布置:每排每帮 4 根帮锚杆,锚杆间排距 900 mm×1 000 mm。靠近顶底板的两根锚杆与水平线呈 10°的角度,其余锚杆垂直煤帮。

（2）支护强度"二"（强度为支护强度"一"的一半）

① 顶板支护

锚杆：锚杆为 ϕ22 mm×2 400 mm 的螺纹钢，锚固长度为 1 m，预应力 50 kN。

锚杆布置：每排打设 3 根顶锚杆，锚杆间排距为 1 720 mm× 1 000 mm。两侧靠帮部的锚杆与垂直方向呈 20°的角度，其余锚杆垂直于顶板打设。

锚索：ϕ17.8 mm×8 300 mm，锚固长度为 1.5 m。锚索预应力为 150 kN。

锚索布置：锚索每排一根，垂直顶板打设，排距 1 000 mm。

② 巷帮支护

锚杆：锚杆为 ϕ22 mm×2 400 mm 的螺纹钢，锚固长度为 1 m，预应力 50 kN。

锚杆布置：每排每帮 2 根帮锚杆，锚杆间排距 1 800 mm× 1 000 mm。靠近顶底板的两根锚杆与水平线呈 10°的角度，其余锚杆垂直煤帮打设。

同时，充填体顶板以支护强度为"一"进行加固。充填体则置入锚栓，锚栓为 ϕ20 mm 的等强螺纹钢，长度视充填体宽度而定，两端预留出 10 mm 的端头空间，上双托板双螺母，锚栓的间排距为 1 000 mm×1 200 mm。

3.2 充填体及围岩应力分布规律

（1）充填体及围岩垂直应力分布随充填体宽度 c' 的变化规律

如图 3-3 所示，在充填体及围岩内布置监测线，可以更清楚地得知充填体墙内及围岩应力的分布情况，同时通过分析位于充填体墙顶部监测线数据，可以获得围岩垂直应力随充填体宽度 c' 的变化规律如图 3-3、图 3-4 所示。

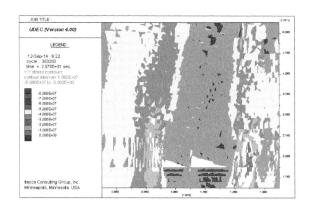

c'=0.8 m

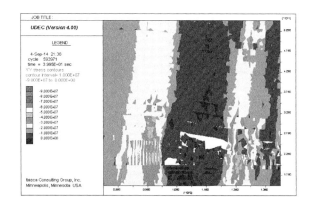

c'=1.2 m

图 3-3 充填体及围岩垂直应力随充填体宽度 c' 的变化规律

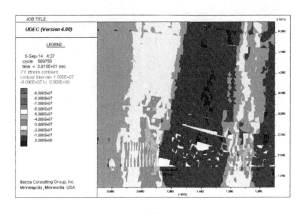

c'=1.6 m

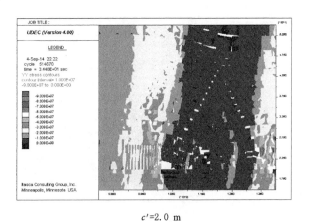

c'=2.0 m

续图 3-3　充填体及围岩垂直应力随充填体宽度 c' 的变化规律

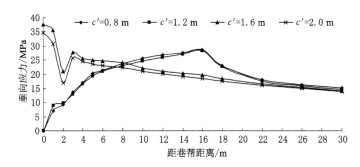

图 3-4　充填体层面上垂直应力随充填体宽度 c' 的变化规律

从图 3-4 中可以看出,当充填体的强度为 30 MPa,充填体宽度为 0.8 m 和 1.2 m 时充填体已经完全破坏,导致充填体巷帮卸压,因此巷帮压力较小。在充填体周围,充填体宽度为 1.2 m 时的局部应力要大于宽度为 0.8 m 时的应力,这是因为虽然充填体都破坏,但是 1.2 m 的充填体残余强度大些;同时随着离巷帮距离的增大竖向应力呈先增大后减小的趋势,且应力峰值皆出现在距离巷帮 16 m 左右的位置处,应力大小为 28.5 MPa,应力集中系数约为 2.53。

当充填体宽度为 1.6 m 和 2.0 m 时,由于充填体未发生压裂破坏,发挥较好支撑作用,应力难以向深部煤岩体转移,因此侧向支承压力在充填体墙体顶部发生应力集中,且当充填体宽度为 1.6 m 时的竖向集中应力值为 37.7 MPa 大于 2.0 m 时的 34.7 MPa。从图中可以看出,当墙宽为 2.0 m 时充填体上方的基本顶断裂位置更靠近充填体,相对墙宽 1.6 m 而言,墙体周围的应力要稍大些,但是随着墙宽的增加,其承载截面更大,经应力重新分布后,墙体的应力值越小。

另外,它们都有一个共同的特点,即墙体处的应力值很大,而距巷帮 2 m 时应力值突然降低,随后再升高,分析其原因得出:在应力集中效应作用下,靠近充填体处实体煤发生塑性变形,高应力向深部转移,造成此处应力降低;而后在煤体弹塑性分界处,应力值增加;此后随着距离巷帮越远应力呈现逐渐降低趋势,到 20 多米处时应力变化规律和充填体宽度为 0.8 m 和 1.2 m 类似。

（2）充填体及围岩垂直应力分布随充填体强度 C 的变化规律

通过对图 3-3 中监测线的监测,可以得出围岩垂直应力随充填体强度 C 的变化规律如图 3-5、图 3-6 所示。

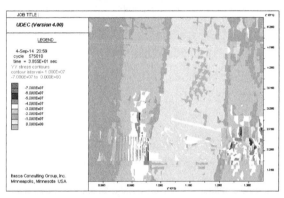

C=10 MPa

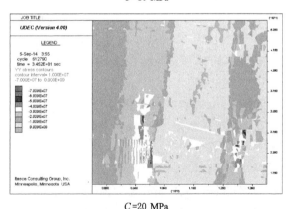

C=20 MPa

图 3-5　充填体及围岩垂直应力分布随充填体强度 C 的变化规律

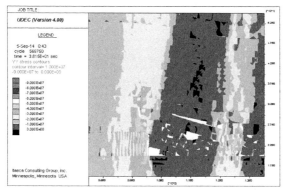

C=30 MPa

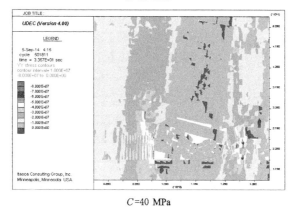

C=40 MPa

续图 3-5 充填体及围岩垂直应力分布随充填体强度 C 的变化规律

从图 3-6 中可以看出,围岩垂直应力随充填体强度 C 的变化规律和图 3-4 基本相似。当充填体宽度为 1.6 m,强度为 10 MPa 和 20 MPa 时,充填体已经完全破坏,巷帮压力较小,侧向支承压力向深部转移。在靠近充填体处,强度为 20 MPa 的应力要大于 10 MPa 处的应力,而侧向支承压力峰值皆在距离巷帮 16 m 左右的位置处,应力大小为 28.8 MPa,应力集中系数约 2.56,随后应力逐渐下降。

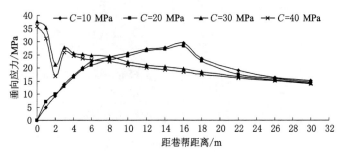

图 3-6　充填体层面上垂直应力随充填体强度 C 的变化规律

当充填体强度为 30 MPa 和 40 MPa 时,充填体未破坏,侧向支承压力在充填体墙顶部发生应力集中,随后立即降低再升高,在距巷帮距离约 3 m 处恢复到较大的值,而后实体煤的应力逐渐减小。

（3）充填体及围岩垂直应力分布随顺槽支护强度的变化规律

通过对图 3-3 中监测线的监测,可以得出围岩垂直应力随顺槽支护强度的变化规律如图 3-7、图 3-8 所示。

从图 3-8 中可以看出,当充填体宽度为 1.6 m、充填体强度为 30 MPa 时,改变顺槽支护强度对侧向支承压力分布的影响小,两条曲线变化走向类似,应力峰值都在充填体中,充填体侧的实体煤受压转变为塑性后应力降低,相邻未破坏的煤体处应力立即回升,随后应力又降低。

（4）充填体及围岩垂直应力分布随不放煤宽度 w 的变化规律

通过对图 3-3 中监测线的监测,可以得出围岩垂直应力随顺槽支护强度的变化规律如图 3-9、图 3-10 所示。

从图 3-10 中可以看出,两种不放煤宽度下应力变化规律相同,不放煤宽度为 14.4 m 时垂直应力峰值为 35.2 MPa 比宽度为

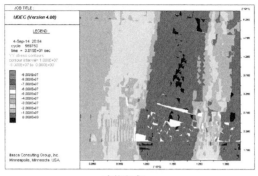

支护方式1

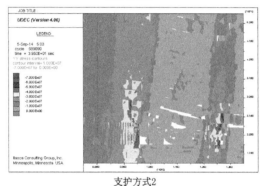

支护方式2

图 3-7 充填体及围岩垂直应力分布随顺槽支护强度的变化规律

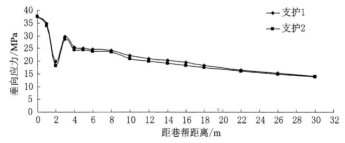

图 3-8 充填体层面上垂直应力随顺槽支护强度的变化规律

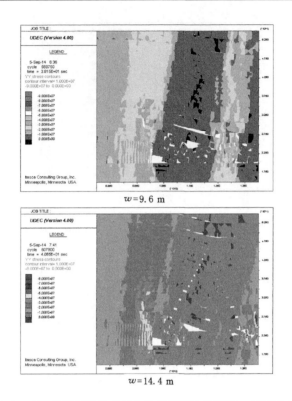

$w=9.6\ \text{m}$

$w=14.4\ \text{m}$

图 3-9　充填体及围岩垂直应力分布随不放煤宽度 w 的变化规律

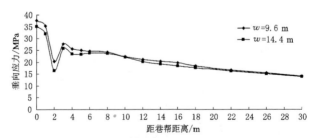

图 3-10　充填体层面上垂直应力随不放煤宽度 w 的变化规律

9.6 m 的 37.7 MPa 小些。不放煤宽度越宽,基本顶相对更早触矸,使其提前稳定,采空区将承担更多的上覆岩层的压力,因此侧向支承压力峰值更小。

(5) 充填体及围岩垂直应力分布随充填与否的变化规律

通过对图 3-3 中监测线的监测,可以得出围岩垂直应力随充填与否的变化规律如图 3-11、图 3-12 所示。

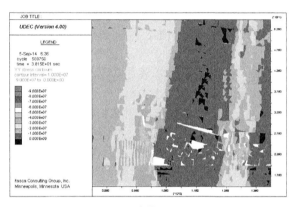

充填

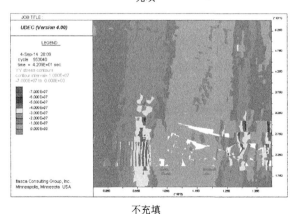

不充填

图 3-11　充填体及围岩垂直应力分布随充填与否的变化规律

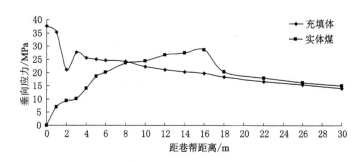

图 3-12 充填体层面上垂直应力分布随充填与否的变化规律

从图中可以看出,不充填时巷帮处浅部的煤层已经完全破坏释放压力,压力呈先增大后减小的趋势。当充填体宽度和强度达到一定的值(即上工作面回采后充填体不破坏的情况下),侧向支承压力将在充填体处发生应力集中。而留煤柱护巷情况和充填体宽度或强度不足完全破坏时的情况类似,侧向支承压力峰值距离巷帮约 16 m,大小为 28.7 MPa,应力集中系数为 2.55。

3.3 充填体及围岩塑性区分布规律

(1) 充填体及围岩塑性区分布随充填体宽度 c' 的变化规律

图 3-13 为充填体及围岩塑性区分布随充填体宽度 c' 的变化规律。由图可知,充填体宽度为 0.8 m 时,充填体已破坏呈塑性状态,左侧实体煤的塑性区范围小,其原因是采空区垮落状态良好,基本顶与直接顶之间几乎不离层,基本顶受到未放煤段和放煤段煤矸石的有利的支撑。

充填体宽度为 1.2 m 时,充填体已破坏呈塑性状态,左侧实体煤的塑性区相比较于 0.8 m 范围大,在煤体的塑性区分布呈"直角梯形"状,上底长约 4 m,下底约 8 m,直接顶的塑性宽度约 4 m,主要原因是基本顶与直接顶之间发生离层,基本顶在未放煤段没有

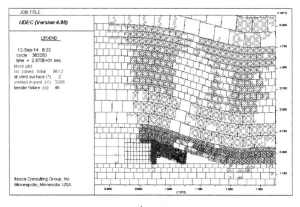

$$c' = 0.8 \text{ m}$$

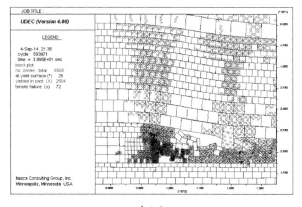

$$c' = 1.2 \text{ m}$$

图 3-13 充填体及围岩塑性区分布随充填体宽度 c' 的变化规律

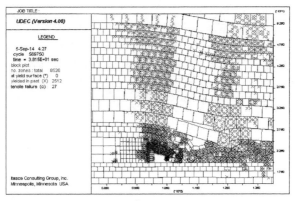

$$c'=1.6 \text{ m}$$

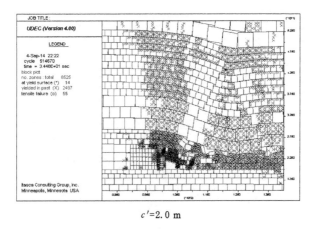

$$c'=2.0 \text{ m}$$

续图 3-13　充填体及围岩塑性区分布随充填体宽度 c' 的变化规律

受到良好的支撑,而直接顶的塑性区变小,这与加宽充填体宽度有关系。

充填体宽度为 1.6 m 时,充填体保持完好,左侧实体煤的塑性区相比较于 1.2 m 范围小,塑性区分布近似呈"等腰三角形"状,靠近充填体的煤体中部塑性区宽度大约 5 m,煤层顶部和底部塑性区范围小,此时发现采空区处的基本顶发生了离层。

充填体宽度为 2 m 时,充填体未发生破坏,左侧实体煤塑性区的范围明显减小,煤体中部塑性区最宽为 3 m,底部宽度只有 1 m,说明不破坏的充填体能提供较大的围压,对于减小充填体侧煤体的塑性区范围效果明显,同时发现基本顶产生了层间错动,甚至影响更上位的关键层发生离层,说明不同宽度的充填体影响了"大结构"的运动状态。

（2）充填体及围岩塑性区分布随充填体强度 C 的变化规律

图 3-14 为充填体及围岩塑性区分布随充填体强度 C 的变化规律。由图可知,充填体宽度为 1.6 m,强度为 10 MPa 和 20 MPa 时,充填体都已破坏,塑性区区域大体分布一致,大体都呈"三角形"状,强度为 10 MPa 时塑性区最大宽度达 7 m,强度为 20 MPa 时塑性区最大宽度达 6 m;强度为 30 MPa 时,充填体保持完好,煤体中部塑性区最宽,大约为 5 m,煤层顶部和底部塑性区范围较小;强度为 40 MPa 时,左侧实体煤塑性区相比较于 30 MPa 范围差别不大,说明充填体宽度不变时,增加充填体强度对煤体塑性区范围的影响小,一旦煤岩体产生塑性变形,高应力将得到转移,此时如继续增大充填体强度意义不大。

（3）充填体及围岩塑性区分布随顺槽支护强度的变化规律

图 3-15 为充填体及围岩塑性区分布随顺槽支护强度的变化规律。从图中可以看出,在上工作面回采后充填体不破坏的情况下,改变顺槽支护强度对充填体侧实体煤的塑性区分布影响很小。支护方式 1 的巷道顶板变形较大,但两帮变形较小,而在

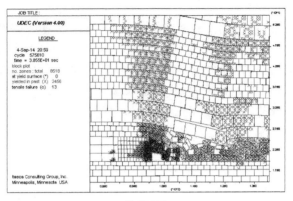

C=10 MPa

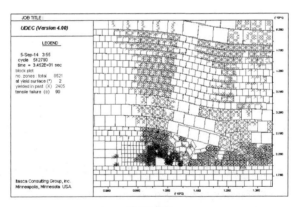

C=20 MPa

图 3-14　充填体及围岩塑性区分布随充填体强度 C 的变化规律

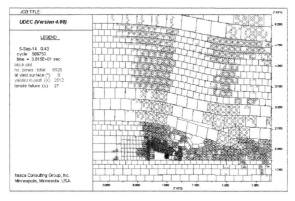

C=30 MPa

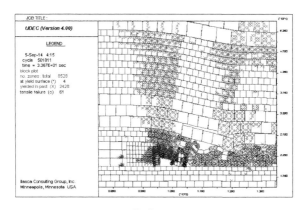

C=40 MPa

续图 3-14 充填体及围岩塑性区分布随充填体强度 C 的变化规律

支护方案 2 情况下，不仅巷道顶板下沉量大，右帮移近量也很大，巷道断面收缩率相对增加。

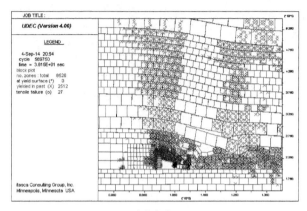

支护方式 1

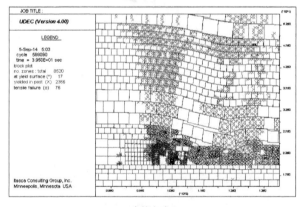

支护方式 2

图 3-15　充填体及围岩塑性区分布随顺槽支护强度的变化规律

（4）充填体及围岩塑性区分布随不放煤宽度 w 的变化规律

图 3-16 为充填体及围岩塑性区分布随不放煤宽度 w 的变化

规律。从图中可以看出，塑性区分布基本相同，说明不放煤的宽度对充填体侧的塑性区范围影响小。

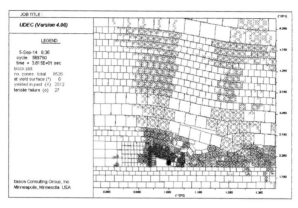

$w=9.6$ m

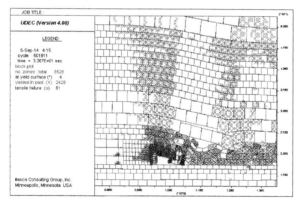

$w=14.4$ m

图 3-16　充填体及围岩塑性区分布随不放煤宽度 w 的变化规律

（5）充填体及围岩塑性区分布随充填与否的变化规律

图 3-17 为充填体及围岩塑性区分布随充填与否的变化规律。

从图中可以看出,不充填时巷道已经完全压垮破坏,并且实体煤的塑性区宽度要大得多,并有向深部扩展的趋势,说明充填体可有效减小塑性区的扩展,其原因是充填体强度大,可持续性地给侧向煤体提供较大的围压,使煤体不易破坏。

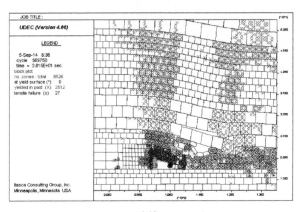

充填

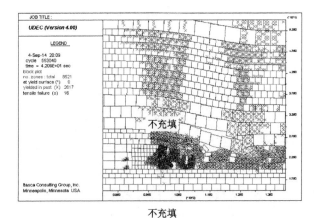

不充填

图 3-17　充填体及围岩塑性区分布随充填与否的变化规律

3.4 本章小结

本章主要通过数值模拟的方法来研究上工作面回采阶段,充填体不同的宽度和强度、不同的顺槽支护强度、不同的放煤宽度、充填与否等情况下,巷内预充填体与"大、小结构"之间的相互作用关系,得出如下主要结论:

(1)在充填体宽度和强度达到一定的值即上工作面回采后充填体不破坏的情况下,侧向支承压力将在充填体处发生应力集中,并在充填体侧的实体煤中迅速降低,随后再升高,其原因是充填侧的煤体承受不住应力集中下的高应力,由弹性转变为塑性导致卸压应力降低,再往里的实体煤保持弹性状态,应力值增加,随着距离巷帮越远应力逐渐降低,直至降低至原岩应力的大小;而当充填体破坏时,侧向支承压力峰值将向深部的实体煤中转移;这是巷内预充填体无煤柱开采应力分布规律的一大特点。

(2)随着充填体宽度和强度的增加,充填体周围煤岩体的塑性区范围逐渐减小,即充填体可改变"小结构"范围内的塑性区分布,其原因是充填体强度大,可持续性的给侧向煤体提供较大的围压,使煤体不易破坏,塑性区范围减小为后期的无煤柱掘巷提供有力保障;在充填体宽度和强度达到一定的值,即充填体不破坏的情况下,继续加大充填体的强度对塑性区范围影响较小,而加大充填体的宽度对缩小塑性区的范围效果显著。

4 二次采动影响下围岩变形与破坏特征

前面通过理论分析和数值模拟对上工作面回采阶段充填体的应力分布特征及参数等进行了研究。本章将分析本工作面掘进阶段和回采阶段,"大结构"对"小结构"稳定性的影响,即分析两阶段过程中基本顶的运动对充填体和巷道围岩的应力、变形及塑性区分布规律。

4.1 掘巷阶段围岩结构受力特征

由图4-1中巷内预充填综放无煤柱掘巷岩层结构的剖面可知,本工作面沿充填体无煤柱掘巷时,上工作面采动引起的覆岩移动基本已经稳定,已由活动状态逐渐转为静态的受力平衡状态,且巷道掘进区域距离基本顶较远,其间间隔有较大厚度的顶煤和直接顶。掘巷时,小范围的围岩应力受到扰动影响,因此巷道掘进仅对"小结构"的应力影响较大,对"大结构"的稳定影响小。

巷内预充填无煤柱掘巷前,受上工作面采动影响,弧形三角块已经发生回转,并作用于下方的煤岩体。在弧形三角块回转影响下,实体煤和直接顶受挤压变形较大,然而由于充填体强度、刚度较大,其变形量极小;与此同时实体煤和直接顶在挤压变形过程当中也存储了一定的变形能,掘巷过程也是一个卸压的过程,该变形能得到一定的释放,并且充填体顶板和侧向实体煤受上工作面采

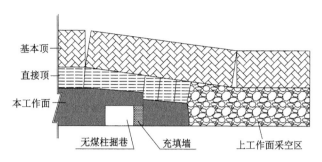

图 4-1　巷内预充填无煤柱掘巷岩层结构示意图

动影响已经产生一定范围的塑性区,对巷道的稳定性不利。

　　巷道沿充填体掘进时,其围岩应力将重新分布,将在巷道周边产生新的应力集中,使得巷道侧的实体煤应力增加,而该处煤体在受上工作面采动影响时就部分呈现塑性状态,再加上掘巷过程中的影响,塑性区范围将进一步扩大,因此仍可能引起围岩较大的变形。

4.2　掘巷阶段围岩结构稳定性的数值分析

4.2.1　数值计算模型

　　模型倾向长 200 m,走向长 100 m,高度为 100 m,煤层厚为 6.1 m,煤层底板位于模型 $Z=40$ m 处。充填体位于 X 轴方向上 0 m 处,即 0～100 m 为上工作面区域,−100～0 m 为本工作面区域。煤层顶板是泥岩和粉砂岩,底板为泥岩,煤层分布及煤岩体力学参数见表 3-1。模型四周边界限定水平位移,模型底部限定垂直位移,上边界施加上覆岩层自重 8.75 MPa,侧压系数为 0.47,模型如图 4-2。

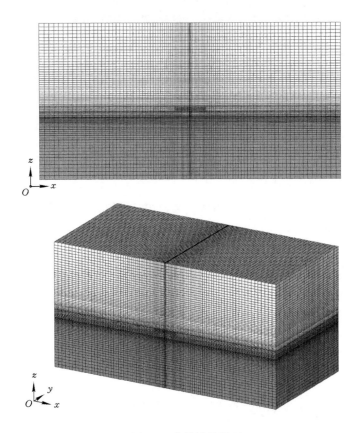

图 4-2 数值计算模型

4.2.2 数值计算方案

S510 轨道顺槽断面呈矩形,巷道断面为 15.75 m²(4.5 m× 3.5 m),给定充填体强度 C 为 30 MPa,充填体宽度 c' 为 1.6 m 时,模拟充填体及巷道的应力、变形及塑性区分布规律,此时顺槽支护方案如下:

（1）顶板支护

锚杆:锚杆为 $\phi22$ mm $\times2\,400$ mm 的螺纹钢,锚固长度为 1 m,预应力 50 kN。

锚杆布置:每排打设 6 根顶锚杆,锚杆间排距为 860 mm $\times$ 1 000 mm。两侧靠帮部的锚杆与垂直方向呈 20°的角度,其余锚杆垂直于顶板打设。

锚索: $\phi17.8$ mm $\times8\,300$ mm,锚固长度为 1.5 m。锚索预应力为 150 kN。锚索布置:锚索每排两根,垂直顶板打设,间排距为 2 000 mm $\times$ 1 000 mm。

（2）巷帮支护

锚杆:锚杆为 $\phi22$ mm $\times2\,400$ mm 的螺纹钢,锚固长度为 1 m,预应力 50 kN。

锚杆布置:每排每帮 4 根帮锚杆,锚杆间排距为 900 mm $\times$ 1 000 mm。靠近顶底板的两根锚杆与水平方向呈 10°的角度,其余锚杆垂直煤帮打设。

同时,充填体顶板"（1）顶板支护"的支护参数进行加固。充填体则置入锚栓,锚栓为 $\phi20$ mm $\times1\,800$ mm 的等强螺纹钢,上双托板双螺母,锚栓的间排距为 1 000 mm $\times1\,200$ mm。

4.2.3　模拟结果分析

（1）巷道围岩应力变化规律

在围岩内布置监测线,可以更清楚地了解充填体及围岩应力的分布情况,其中监测线 1 位于充填体层面上,监测线 2 位于煤层层面上,监测线 3 位于直接顶层面上,监测线 4 位于基本顶层面上。图 4-3 为掘巷稳定期间巷道围岩应力分布规律。

图 4-4 为掘巷稳定期"四层面"垂直应力变化规律。充填体位于 X 轴方向上 0 m 处,即 0～100 m 为上工作面区域,-100～0 m 为本工作面区域。

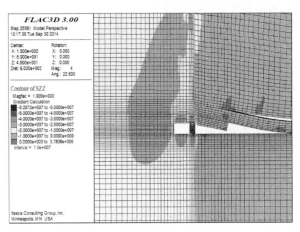

垂直应力

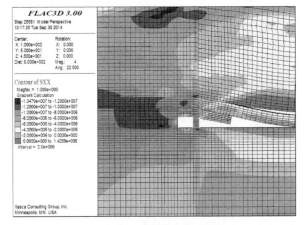

水平应力

图 4-3　掘巷稳定期间巷道围岩应力分布规律

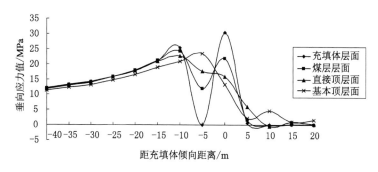

图 4-4 "四层面"垂直应力变化规律

由图可得出,掘巷后巷道顶板完成了卸压,充填体层面测线上的应力重新分布,此时出现了两个应力峰值。充填体顶部应力相比于掘巷前有所降低,由 37.7 MPa 减为 30.4 MPa,主要原因是掘巷后,应力向实体煤发生了转移;实体煤应力增加,距离巷道 5 m 处实体煤的应力由掘巷前的 22.2 MPa 增至 25.5 MPa,随着距巷道水平距离越远,应力值越小。煤层层面同样受到掘巷卸压的影响,应力特点却不尽相同,虽也是出现两个应力峰值,但充填处的应力要小于实体煤帮侧的应力,另外煤层层面上的应力整体都要小于充填体层面的应力。直接顶层面上的应力受掘巷影响较小,说明掘巷过程只是扰动了"小结构"范围的应力,其扰动深度有限,该层面上的应力整体都要小于煤层层面上的应力,并且可以看出其应力峰值较于煤层层面的应力距离巷道更近。基本顶层面上的应力在巷道上方未出现波动,说明基本顶完全不受掘巷扰动的影响,应力峰值更加靠近巷道。

图 4-5 为掘巷稳定阶段"四层面"水平应力变化规律,由图可得,整体来看,在充填体的垂向方向上,"四层面"上的水平应力差别较大,直接顶层面上的水平应力最大,达 14.4 MPa,与基本顶破断回转有很大的关系;充填体层面上的应力为 9.89 MPa,其值近

两倍于煤层层面上的应力,究其原因,充填体上方的顶煤在上工作面回采后变为塑性状态,水平应力发生转移,而由于充填体强度大仍处于弹性状态,水平应力仍然保持在较大的值,这为充填体自身提供较大的围压,对充填体的稳定性有利。

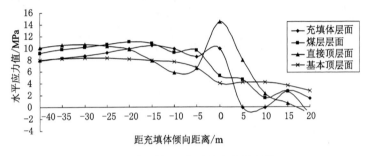

图 4-5 "四层面"水平应力变化规律

（2）巷道围岩位移变化规律

图 4-6、图 4-7 为掘巷稳定阶段充填体层面、煤层层面、直接顶层面和基本顶层面上垂直位移变化规律。从图中可以发现,四个层面的整体变化规律为靠近充填体处位移最大,随着距充填体的距离越远,四层面上的围岩变形越小。四层面中,垂直位移值一般性的规律为基本顶层面上的围岩最大为 150 mm,其次为直接顶层面 123 mm,接着为煤层层面 86 mm,位移最小的为充填体层面 19 mm,即在垂向方向上,更上位的岩层垂直位移更大,其原因是上位岩层下沉后,下位岩层除下沉外,围岩自身也将压缩变形。另外,由于充填体强度大,近似刚性体,所以它的垂直位移很小。

而在图 4-7 中横坐标－5 m 处的巷道开挖位置,由于巷道开挖后改变了"小结构"范围内的应力,造成巷道顶板表面垂直位移显著增加达 120 mm。巷道处煤层层面的位移量也明显增加,位移量与直接顶层面相近为 103 mm。

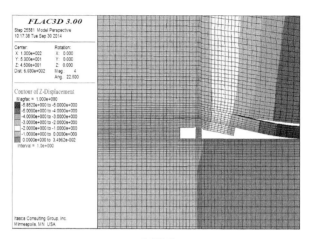

垂直位移

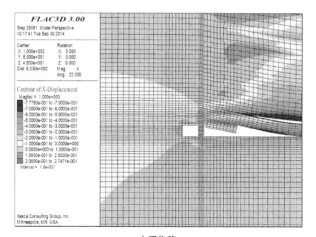

水平位移

图 4-6　巷道围岩位移变化规律

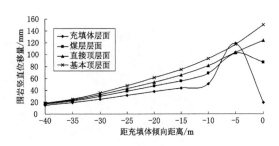

图 4-7　"四层面"垂直位移变化规律

图 4-8 为"四层面"水平位移变化规律,图中位移正值表示向上工作面采空区方向的水平位移,负值表示向本工作面实体煤方向的水平位移。由图可得,水平位移整体上都不大,在实体煤中的各个层面上除基本顶层面的个别位置的位移方向向上工作面采空区方向之外,其余层面的水平位移都向本工作面方向。但是在充填体的各层面的位移较复杂,只有直接顶层面的水平位移向本工作面方向,其余都向上工作面采空区方向,说明此时直接顶与上下位的岩层发生了层间错动,这是由于基本顶断裂回转产生高水平应力作用于直接顶上造成的。这个结论为该区域的支护设计提供了较重要的理论依据。

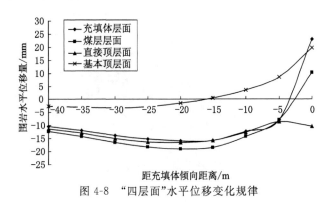

图 4-8　"四层面"水平位移变化规律

（3）巷道围岩塑性区分布规律

图 4-9 为本工作面沿充填体无煤柱掘巷稳定阶段巷道围岩塑性区分布规律。由图可看出，上工作面回采产生的塑性区与本工作面掘巷产生的塑性区范围已经串通。巷道靠充填体侧肩角的塑性区范围明显比实体煤帮侧肩角塑性区大得多，而实体煤帮侧肩角处的塑性区又比巷道顶板中部的范围要大，因此要注重巷道两肩角的支护。由于充填体强度、刚度大，充填体稳定性好，而其底板由于发生应力集中，塑性区的宽度和深度都较大，说明此时充填体有钻底的趋势。实体煤帮和底板中部的塑性区深度基本一致。另外，在巷道顶板中，能够看到岩层产生了水平方向的错动。

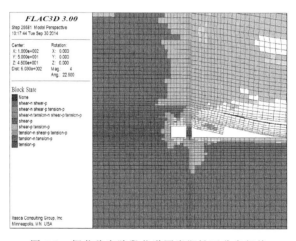

图 4-9　掘巷稳定阶段巷道围岩塑性区分布规律

4.3　二次回采阶段围岩结构运动特性

本工作面沿充填体无煤柱掘巷阶段和回采阶段时围岩应力变化的诱因不同，巷道围岩应力在掘巷阶段是因掘进引起的围岩小范围内的应力重新分布,而在回采阶段,围岩应力的重新分布是由于上覆岩体"大结构"的力学环境变化造成的。

巷内预充填无煤柱掘巷围岩大变形的主要原因在于工作面回采时,超前支承压力与上区段采空区侧向支承压力叠加,弧形三角块进一步回转、下沉,引起巷道围岩剧烈变形,即围岩的变形是由原处于极限平衡状态的块体失稳后产生新的破坏。"大结构"受本工作面采动后的不稳定状态将造成综放无煤柱掘巷围岩应力的重新分布,该过程的影响远大于掘巷时围岩应力的集中程度。

在本工作面采动超前支承压力和上工作面侧向支承压力双重压力的作用下,基本顶进一步回转作用于直接顶并导致沿空巷道变形下沉,而掘巷后就已发生应力集中的实体煤帮在采动超前支承压力将可能发生压裂破坏或者剪切破坏;而本工作面沿空巷道的底鼓和上工作面充填体侧巷道的底鼓将可能同时影响充填体的稳定性,造成充填体底部失稳而发生倾倒。

4.4 二次回采阶段围岩稳定性的数值模拟

(1)工作面前方巷道围岩应力变化规律

图 4-10、图 4-11 为工作面前方 5 m 处巷道围岩应力变化规律。由图可得,与掘巷后相比,回采后应力发生了较大的变化。在充填体层面上,应力峰值由充填体转移到实体煤帮,充填体的应力虽有增加,但不明显,由 30.4 MPa 增加至 38.8 MPa,究其原因,认为回采时造成巷道及充填体的顶煤和直接顶较大的变形与下沉,顶煤和直接顶的变形将本应施加在充填体上的高应力转移至巷道侧的实体煤中;而距离充填体 10 m 处的实体煤处应力峰值却由 25.5 MPa 增至 56.2 MPa,可得出此处本工作面采动支承压力与上工作面侧向支承压力叠加后的应力集中系数达到 5 左右。

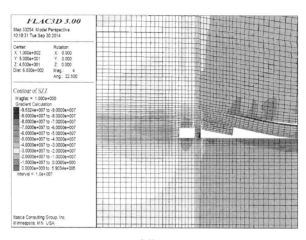

支护1

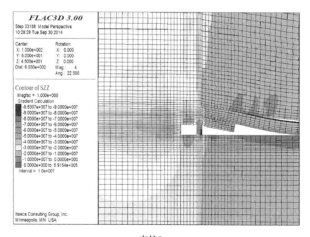

支护2

图 4-10 工作面前方 5 m 处巷道围岩应力变化规律

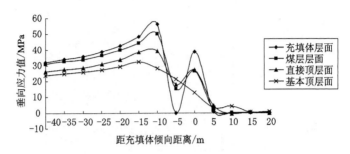

图 4-11　工作面前方 5 m 处"四层面"垂直应力变化规律

　　煤层层面的应力变化规律与充填体层面类似,0 m 充填体处应力由掘巷稳定时的 21.9 MPa 增至 26.5 MPa,应力峰值仍在距离充填体 10 m 左右处,由 24.4 MPa 增至 50.3 MPa,随后呈逐渐降低的变化趋势。直接顶上的应力与煤层层面相比,在 0 m 处的应力大小基本一致,而在应力峰值处,其值较煤层层面小很多,为 39.3 MPa。基本顶层面上的应力曲线变化较平缓,应力峰值较其他 3 条测线远离充填体,距充填体的位置约 15 m,峰值为 32.2 MPa。

　　图 4-12、图 4-13 为工作面前方 15 m 处巷道围岩应力变化规律。由图可得,在充填体层面工作面前方 15 m 处的应力峰值较 5 m 处有所降低,由 56.2 MPa 降至 42.7 MPa,同样地,充填体上的应力由 38.8 MPa 降至 29.8 MPa,说明 15 m 处本工作面采动影响下的应力集中系数明显减小。其他 3 条测线变化规律与工作面前方 5 m 处类似,且对应的值都有所减小。

　　(2)工作面超前支承压力分布规律

　　由前面分析可知,本工作面回采时,围岩应力在距离实体煤帮 5 m 处达到峰值,因此在该处设置沿巷道走向方向的测线,可得出超前支承压力的变化规律,如图 4-14 所示。

　　由图 4-14 可知,距离实体煤帮 5 m 处的工作面超前支承压力的垂直应力和水平应力具有相同的变化规律,都是在工作面前方

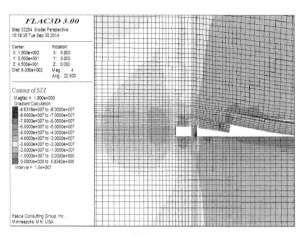

支护1

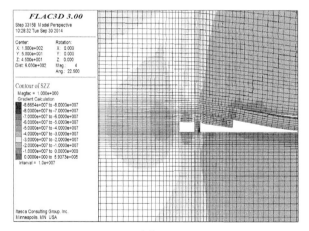

支护2

图 4-12 工作面前方 15 m 处巷道围岩应力变化规律

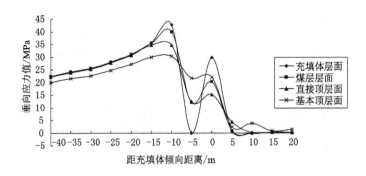

图 4-13　工作面前方 15 m 处"四层面"应力变化规律

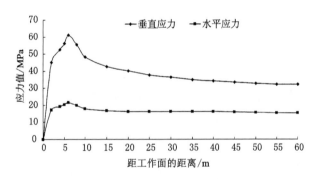

图 4-14　巷道围岩应力随工作面走向的变化规律

6 m 左右处达到峰值,随后随着远离工作面,垂直应力和水平应力都逐渐减小。垂直应力的峰值约 61.1 MPa,说明本工作面采动支承压力与上工作面侧向支承压力叠加后的应力集中系数达到 5.43。距离工作面 60 m 处的垂直应力为 32.2 MPa,而在掘巷稳定阶段时应力为 25.5 MPa,说明距离工作面 60 m 处仍受到本工作面采动影响,此时应力集中系数为 2.86。

距离实体煤帮 5 m 处的水平应力在工作面前方 6 m 处达到

极值,为 21.6 MPa。其余位置的应力值变化较小,约为16.0 MPa。

(3)巷道变形随工作面走向的变化规律

图 4-15 为顶板靠实体煤帮侧、巷道中部和靠充填体侧的下沉量随工作面走向的变化规律。由图可得,三个测点下沉量的总体变化趋势保持一致,即越靠近工作面顶板下沉量、下沉速度显著增大,而越远离工作面其下沉量越小,下沉速度减缓。三个测点中靠充填体侧的下沉量最大,其次是巷道中部,靠煤帮侧的值最小。分析其原因,靠充填体侧的下沉量大是由于充填体强度较高,应力较难转移造成的,较高的应力作用于顶煤及充填体中,而充填体基本不发生变形,只能通过顶煤较大变形来完成应力释放的过程,从而造成靠充填侧顶煤发生切落下沉。

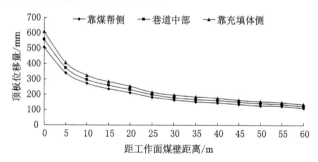

图 4-15 顶板下沉量随工作面走向的变化规律

巷道变形在工作面处达到最大值,靠煤帮侧下沉量为507 mm,巷道中部为 557 mm,靠充填体侧为 608 mm,其中靠充填体侧的下沉量为靠煤帮侧的120%。

图 4-16 为底板、实体煤帮和充填体帮位移随工作面走向的变化规律。由图可得,本工作面回采阶段底板产生了较大的位移,并且底鼓量大于顶板下沉量,靠近工作面煤壁处底鼓量达 682 mm,随着距离工作面越远,底鼓量越小,在距工作面 60 m 处底鼓量为140 mm。两帮位移量主要是由实体煤帮造成的,实体煤帮位移量

的变化规律和顶板下沉量类似，由于实体煤处的应力高造成了较大的位移量，在工作面处达 460 mm。而由于充填体强度大近似刚体使得水平位移量很小，最大位移量仅为 41 mm，为实体煤帮位移量的 8.9%。

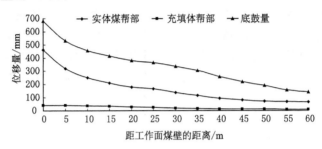

图 4-16　巷道两帮移近量随工作面走向的变化规律

（4）工作面前方 5 m 处巷道围岩水平位移变化规律

图 4-17 为"四层面"水平位移变化规律。由图可得，工作面前方 5 m 处巷道围岩水平位移变化规律与掘巷稳定阶段时的变化规律基本相同，受本工作面回采影响，各个层面的水平位移都有所增加。四个层面在充填体位置处的垂向方向上较复杂，与掘巷稳定阶段的值相对比，基本顶层面的水平位移由 19.7 mm 增加至 24.6 mm，直接顶层面的水平位移由 −10.3 mm 增加至 −5.0 mm，煤层层面的水平位移由 10.4 mm 增加至 21.8 mm，充填体层面的水平位移由 23.1 mm 增加至 36.7 mm。由以上数据可得，在充填体位置处的垂向方向，受工作面采动影响，直接顶层面与基本顶层面的围岩共同向上工作面采空区方向移动，未发生层间错动；直接顶层面与煤层层面发生约 6.1 mm 的层间错动。因此需加强充填体顶板的支护，减少岩层之间的错动离层。

（5）工作面前方 5 m 处巷道围岩塑性区分布规律

图 4-18 为回采时工作面 5 m 处巷道围岩塑性区分布规律。

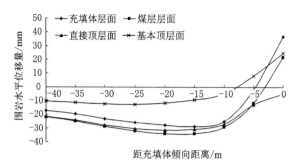

图 4-17 "四层面"水平位移变化规律

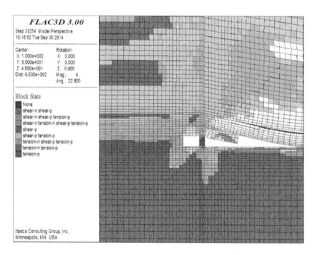

图 4-18 工作面前方 5 m 处巷道围岩塑性区分布规律

由图可看出,由于回采时实体煤帮处产生应力集中,该处的塑性区相比较于掘巷阶段范围增加较大,并且扩展到实体煤底板。掘巷后顶板浅部部分区域仍保持弹性状态,在受到本工作面超前支承压力的作用后变为塑性状态,这将使顶板的下沉量增加,给巷道支护增加了难度。同时,充填体依然保持弹性,并且其底板塑性区范围基本保持不变,说明回采期间充填体受到的应力集中程度小。

4.5　窄煤柱与充填体的应力分布对比分析

根据前面的分析,本节总结出一般留窄煤柱沿空掘巷和巷内预充填无煤柱掘巷两种护巷方式,分别在上工作面回采阶段、本工作面掘进稳定阶段和本工作面回采时前方 5 m 处的位于充填体层面(沿空巷道顶板层面)上的侧向支承压力分布状况,从而更直观地看出"三阶段"过程中应力分布特点。

图 4-19 为典型的留窄煤柱沿空掘巷"三阶段"应力分布规律图。上工作面回采后,靠采空侧的煤体难以承受采动侧向高应力的作用,煤体由弹性转变为塑性,同时侧向支承压力将向深部煤体扩展。由之前的分析,常村矿 S511 综放面回采后,侧向支承压力峰值距煤帮的距离约 16 m,峰值为 28.7 MPa,应力集中系数为 2.55;留窄煤柱沿空掘巷后,"小结构"范围内的应力重新分布,窄煤柱上方的应力呈拱形,在窄煤柱的中部应力最大,两侧应力最小,掘巷后沿空巷道顶部应力处于卸压状态,并使侧向支承压力峰值稍微向深部煤体扩展一段距离;本工作面回采时,窄煤柱和实体煤上的应力都有所增加,应力峰值位置基本不变。

图 4-20 为巷内预充填无煤柱掘巷"三阶段"应力分布规律图,由图可以看出,它与留窄煤柱沿空掘巷的应力分布差别较大。上工作面回采后,充填体的强度、刚度大,充填体的变形很小,仍然保持弹性状态,作用于其上的支承压力难以转移,因此侧向支承压力在充填体处发生应力集中,应力峰值为 37.7 MPa,应力集中系数为 3.35。而充填体侧的实体煤承受不住应力集中下的高应力将变为塑性状态,因此该处的应力下降,再往里的实体煤为弹性状态,应力值增加,随着距离巷帮越远应力逐渐降低。

沿充填体无煤柱掘巷后巷道顶板完成了卸压,充填体层面上

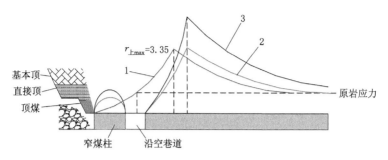

图 4-19　留窄煤柱沿空掘巷"三阶段"应力分布示意图

1——上工作面回采后侧向支承压力；2——本工作面掘巷稳定阶段应力分布；

3——本工作面回采时前方 5 m 处应力分布

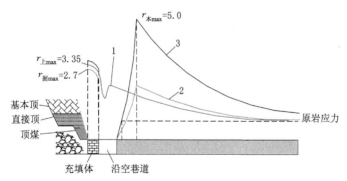

图 4-20　巷内预充填无煤柱掘巷"三阶段"应力分布示意图

1——上工作面回采后侧向支承压力；2——本工作面掘巷稳定阶段应力分布；

3——本工作面回采时前方 5 m 处应力分布

的应力重新分布，此时出现了两个应力峰值，充填体层面应力相比于掘巷前有所降低，由 37.7 MPa 降低为 30.4 MPa，主要原因是掘巷后，应力向实体煤发生了转移；而实体煤应力增加，距离巷道实体煤帮5 m 处的应力由掘巷前的 22.2 MPa 增至 25.5 MPa，随着距离巷道越远，应力值越小。

与掘巷相比,回采后应力发生了较大的变化。在充填体层面上,应力峰值由充填体转移到实体煤帮,充填体的应力虽有增加,但不明显,由 30.4 MPa 增加至 38.8 MPa,而距离巷道实体煤帮5 m 处应力峰值却由 25.5 MPa 增至 56.2 MPa,可得出此时本工作面采动支承压力与上工作面侧向支承压力叠加后的应力集中系数达到 5 左右。

因此,巷内预充填无煤柱掘巷不同于一般的留窄煤柱沿空掘巷,在"三阶段"过程中充填体始终处于高应力状态,沿空巷道将在高应力环境中掘进,对充填体的强度、宽度和巷道支护强度要求较高。

4.6　本章小结

（1）本工作面沿充填体无煤柱掘巷时,上工作面采动引起的覆岩移动基本已经稳定。掘巷时,小范围的围岩应力受到扰动影响,因此巷道掘进仅对小结构的应力影响较大,对大结构的稳定影响小。

（2）巷内预充填无煤柱掘巷后完成卸压,应力重新分布,巷道垂直应力进一步降低,充填体顶部垂直应力相比于掘巷前有所降低,应力向实体煤发生了转移,实体煤的垂直应力增加。

（3）在充填体的垂向方向上,各个层面上的水平应力差别较大,直接顶层面上的水平应力最大,达 14.4 MPa,与基本顶破断回转有很大的关系;充填体层面上的应力为 9.89 MPa,其值近两倍于煤层层面上的应力,原因是充填体上方的顶煤在上工作面回采后表现出塑性,应力发生转移,而充填体强度大仍保持弹性状态,水平应力仍然保持在较大的范围,这为充填体侧实体煤提供较大的围压,对实体煤的稳定性有利。

（4）巷内预充填无煤柱掘巷围岩大变形的主要原因是工作面

回采时,超前支承压力与上区段采空区侧向支承压力叠加,弧形三角块进一步回转、下沉,引起巷道围岩剧烈变形,该过程的影响远大于掘巷时围岩应力的集中程度。

(5)本工作面回采后应力发生了较大的变化,在充填体层面上的应力峰值由充填体转移到实体煤帮侧,并在工作面前方 6 m 处达到应力峰值,与掘巷稳定阶段相比,充填体的应力由 30.4 MPa 增加至 39.7 MPa,而距离充填体 10 m 左右的应力峰值却由 25.5 MPa 增加至 61.1 MPa,可得出本工作面采动支承压力与上工作面侧向支承压力叠加后的应力集中系数较大,达到 5.43 左右。

(6)无煤柱掘巷后,对充填体上方围岩的水平位移进行监测,发现直接顶层面的水平位移向本工作面方向,其余层面都向上工作面采空区方向,说明直接顶与上下位岩层发生了层间错动,这是由于基本顶断裂回转产生高水平应力作用于直接顶上造成的,这为该区域的支护设计提供了理论依据。

5 巷内预充填"掘采"全过程底板稳定性分析

巷内预充填"掘采"全过程中,围岩经历了反复的加载、卸载过程。巷内预充填底鼓主要是与支承压力分布有关。为此,本章主要应用数值仿真软件对巷内预充填"掘采"全过程进行仿真模拟研究,尤其是对"二次掘采"阶段底板稳定性和支承压力分布进行研究,为巷内预充填围岩稳定性控制提供可靠的依据。

5.1 数值仿真软件选择及模型构建

目前,岩土工程领域用于仿真研究的数值软件种类繁多,众多数值仿真软件各有优势,综合比较最终确定采用应用较为广泛的FLAC3D数值仿真软件进行数值计算。

5.1.1 模型的建立

根据巷内预充填技术原理,建立如图 5-1 所示三维数值仿真模型。尺寸为 200 m×160 m×70 m,巷内预充填底板位于模型高 30 m 处,模型中采用渐变网格划分,在巷内预充填巷道围岩附近加密网格划分。模型共划分为 520 000 单元,556 308 个节点。边界条件如图 5-2 所示,其中:模型顶部施加应力边界条件,用于模拟上覆岩层重量(γH),模型沿走向及倾向方向施加水平应力,模拟埋深 450 m,侧压系数为 0.47。

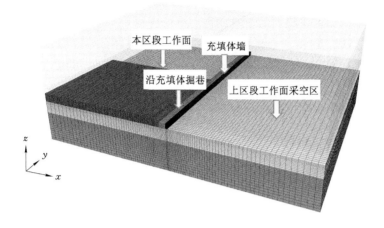

图 5-1　巷内预充填数值计算模型

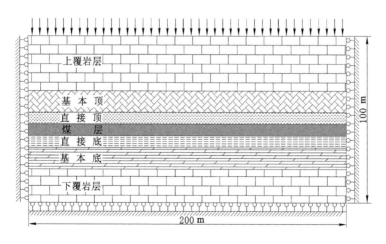

图 5-2　巷内预充填数值模型边界条件示意图

5.1.2 本构模型选择

受到掘巷扰动的影响，围岩（包括底板）形成一定范围的松动圈。这时莫尔-库仑模型将不能有效的模拟岩石的峰后特性。而 Strain-Softening Mohr-Coulomb 可以实现岩石峰后特性的模拟。故此，本章的研究采用 Mohr-Coulomb 模型和 Strain-Softening Mohr-Coulomb 模型联合计算。

5.1.3 数值模拟的方案

本章研究的目的主要是探究巷内预充填"掘采"全过程底板的稳定性。为直观地反映出底板的破坏形式，本章在不考虑支护条件下进行。模拟巷道尺寸为 $4.5 \text{ m} \times 3.5 \text{ m}$，充填体宽度为 1.6 m。根据巷内预充填技术原理，本次计算过程主要分为 6 个步骤：

① 初始地应力计算；

② 上区段工作面掘巷（为预留出充填体宽度而采用大断面掘巷）；

③ 沿本区段工作面巷帮煤壁预筑充填体；

④ 上区段工作面回采；

⑤ 本区段工作面沿着充填体掘巷；

⑥ 本区段工作面回采。

5.2 "一次掘巷"过程中底板稳定性分析

巷内预充填底板稳定性主要受到作用在实体煤帮和充填体帮的高支承压力的影响。而充填体是在上区段工作面运输平巷掘进后就已经沿着非截割帮预筑完成。同时，充填体在"一次掘巷"稳定期内将作为主要承载体。巷内预充填成功的关键是保证充填体在"掘采"全过程中的稳定，而对于巷内预充填底板稳定性的研究,应重点研究巷内预充填底板的支承压力分布规律。因此,分析"掘采"全过程中底板应力演化规律的重要性不言而喻。

5.2.1 "一次掘巷"过程中围岩应力分布特征

由图 5-3 可知,在"一次掘巷"完成后,巷道围岩表面卸压,围岩深部应力出现不同程度的集中,但总体表现出不对称分布。如图 5-3(a)所示,在"一次掘巷"稳定期内,巷道垂直应力分布出现明显的差异,充填体帮上的应力集中程度明显大于实体煤帮。其中,作用在充填体帮上方的垂直应力峰值为 17.0 MPa,集中系数为1.75;而实体煤帮在距离巷帮煤壁 2 m 处达到垂直应力峰值,为11.4 MPa,集中系数为 1.18。如图 5-3(b)所示,在"一次掘巷"稳定期内,巷道水平应力分布出现明显的差异,巷道底板下岩层水平应力集中明显,底板下部岩体在距离巷道底板表面 7 m 处达到水平应力峰值,峰值为 5.3 MPa,水平应力集中系数为 1.13。如图 5-3(c)所示,在"一次掘巷"稳定期内,巷道围岩剪切应力呈现出不对称的"蝴蝶"状,对于充填体帮在顶底板帮角处产生明显的剪切应力集中,而对于实体煤帮产生的剪切应力集中则远离实体煤在顶底板帮角处向围岩深部转移。

通过上述分析可知:受"一次掘巷"开挖扰动后,巷道围岩表面出现不同程度的卸压。充填体墙是在"一次掘巷"后紧靠着非截割帮预筑完成的。这时巷道两帮分别为实体煤帮和充填体帮,而充填体帮为满足巷内预充填全过程中的稳定,要求强度和刚度较大。这时充填体帮作为"一次掘巷"后巷道主要承载体,就会出现上图中应力集中不对称的情况。

5.2.2 "一次掘巷"过程中围岩塑性区分布特征

如图 5-4 所示,受"一次掘巷"扰动后,围岩出现了不同程度

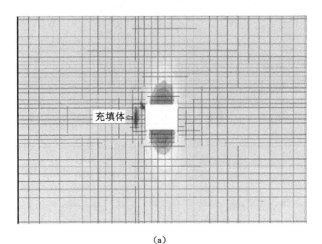

(a)

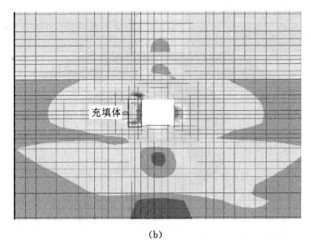

(b)

图 5-3　巷内预充填"一次掘巷"过程中围岩应力分布规律

（a）"一次掘巷"围岩垂直应力；（b）"一次掘巷"围岩水平应力

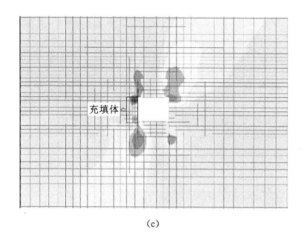

(c)

续图 5-3 巷内预充填"一次掘巷"过程中围岩应力分布规律

（c）"一次掘巷"围岩剪切应力

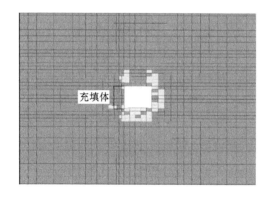

图 5-4 巷内预充填"一次掘巷"过程中围岩塑性区分布规律

的塑性区。其中,以顶板塑性区范围最大,纵深为 2.5 m;其次是底板塑性区纵深为 2 m;再次之是实体煤帮塑性区深度为 1.9

m；由于充填体强度和刚度较大，充填体帮仅在顶板和底板帮角处剪切应力集中的区域形成范围非常微小塑性区。对于靠近充填体帮处的煤体由于受到高支承压力的作用下，也在煤体边缘处形成范围非常微小的塑性区。从破坏形式来看，在帮角处多以剪切破坏为主；而顶底板以及实体煤帮则为剪切和拉伸破坏。

5.2.3 "一次掘巷"过程中底板支承压力分布特征

如图 5-5 所示，作用在实体煤帮和充填体帮及煤体下方底板的支承压力出现不对称分布。作用在实体煤帮下方底板处的支承压力大致可分为以下三个区域：

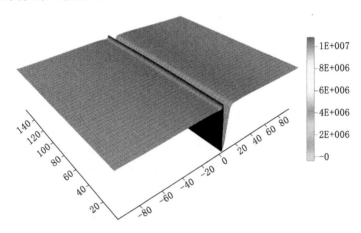

图 5-5　巷内预充填"一次掘巷"过程中底板支承压力分布

（1）支承压力降低区。受到"一次掘巷"开挖扰动，实体煤帮因难以抵抗掘巷卸压后在其边缘处形成应力集中的作用进而破坏使承载能力变小。因此，支承压力在实体煤帮边缘处底板出现降低区。

（2）支承压力升高区。受"一次掘巷"开挖扰动，实体煤帮边缘破坏承载能力变小,支承压力向实体煤帮深处转移。因此,支承压力在实体煤帮下方底板出现升高区。

(3)原岩应力区。支承压力随着不断向实体煤帮深部移动不断衰减。当远离实体煤帮巷帮煤壁一定距离后支承压力最终衰减到原岩应力值。

作用在充填体帮及实体煤下方底板处的支承压力大致可分为以下三个区域:

(1)支承压力升高区。根据巷内预充填技术原理可知,充填体是在"一次掘巷"完成后,才紧靠着非截割帮预筑完成。因此,充填体不受掘巷扰动影响。并且充填体的强度和刚度较大,作为"一次掘巷"后巷道的主要承载体。所以支承压力在充填体帮下方底板形成升高区。

(2)支承压力波动区。受"一次掘巷"开挖扰动,底板支承压力在充填体帮下方达到峰值。虽然充填体承载了较大的支承压力,但是紧靠着充填体帮处的实体煤壁仍然抵抗不住高支承压力的作用,进而在实体煤壁很小的范围内出现破碎。所以支承压力在实体煤下方底板略微降低,随后又随之增加。故此,产生底板支承压力波动区。

(3)原岩应力区。当底板"应力波动区"过去后,随着向实体煤深部移动,支承压力不断衰减。当远离充填体帮一定距离后支承压力最终衰减到原岩应力值。

5.3 "一次回采"过程中底板稳定性分析

5.3.1 "一次回采"过程中围岩应力分布特征

在"一次回采"开始后,基本顶出现"O-X"破断,随着"一次回次"工作面的不断推进,基本顶发生"S-R"失稳形成铰接结构,构成围岩"大结构"。基本顶以给定变形的方式,作用在充填体和煤岩体。如图 5-6(a)所示,在"一次回采"完成后,充填体和实体煤深处在垂直方向上出现不同程度的应力集中。其中,作用在充填体上方的垂直应力峰值为 32.6 MPa,集中系数为 3.37;而在距离充填体 2.5 m 处的实体煤到达垂直应力峰值,峰值为 23.1 MPa,集中系数为 2.38。如图 5-6(b)所示,在"一次回采"完成后,水平应力集中主要出现在充填体帮和顶板层间错动离层区域,其中充填体上方的水平应力峰值为 1.7 MPa。如图 5-6(c)所示,在"一次回采"完成后,充填体处的顶底板出现明显的剪应力集中,其中充填体下方底板在 2.5 m 处达到剪切应力峰值,峰值为 4.4 MPa;而距离充填体上方 4 m 处达到剪切应力峰值,峰值为 5.0 MPa。

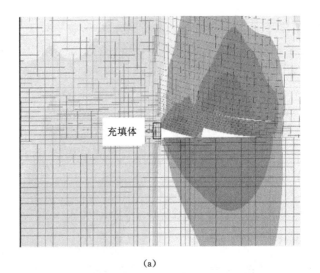

(a)

图 5-6 巷内预充填"一次回采"过程中围岩应力分布规律

(a)"一次回采"围岩垂直应力

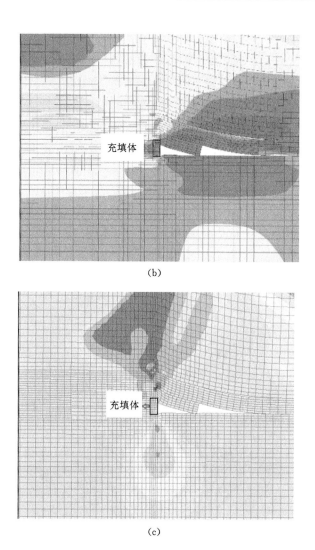

（b）

（c）

续图 5-6 巷内预充填"一次回采"过程中围岩应力分布规律
（b）"一次回采"围岩水平应力；（c）"一次回采"围岩剪切应力

通过上述分析可知:受"一次回采"开挖扰动,充填体和实体煤处的应力值发生突增,其原因主要是上区段工作面回采后,基本顶发生"S-R"失稳,基本顶以给定变形的形式作用在充填体和实体煤处,而此时来自上区段采空区侧的侧向支承压力较大,故而出现此现象。而实体煤的强度和刚度远不及充填体墙,故而在边缘处出现小范围的破碎区。因此,出现应力值向煤体深部移动的情形。

5.3.2 "一次回采"过程中围岩塑性区分布特征

由图 5-7 可知,受"一次回采"扰动后,围岩出现了不同程度的塑性区。其中,顶板及上覆岩层出现大规模的塑性区,原因是受到上区段回采的影响,基本顶发生"S－R"失稳,引起覆岩运动。因此,出现大面积塑性区。"一次回采"后,底板受力平衡遭到破坏,进而卸压导致塑性区扩展,塑性区范围为 2 m。在高支承压力的影响下充填体及下方底板均出现一定范围的塑性区。同时,由于强度和刚度远不及充填体,实体煤在距充填体边缘 2 m 处形成塑性区。

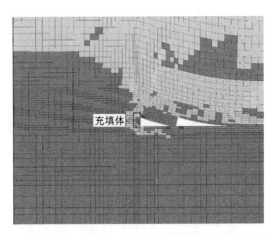

图 5-7　巷内预充填"一次回采"过程中围岩塑性区分布规律

5.3.3 "一次回采"过程中底板支承压力分布特征

如图 5-8 所示,在"一次回采"后,围岩受回采扰动后,侧向支承压力在充填体和实体煤下方底板表面产生不同程度的集中。其中,充填体下方底板表面的支承压力要略小于作用在实体煤下方底板表面的支承压力,充填体下方底板支承压力峰值为 17.8 MPa,而实体煤下方底板在距离充填体 4 m 处达到支承压力峰值,为 18.1 MPa。

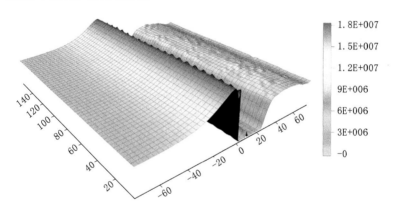

图 5-8 巷内预充填"一次回采"过程中底板表面支承压力分布

作用在充填体和实体煤下方底板表面处的支承压力大致可分为如下三个区域:

(1)支承压力升高区。在"一次回采"过程中,由于充填体的强度和刚度较大,承载能力较好。因此支承压力在充填体下方底板形成升高区。

(2)支承压力波动区。受到"一次回采"扰动,来自上区段采空区侧的侧向支承压力较大,而煤体的强度和刚度远不及充填体,因此实体煤在贴近充填体墙的煤壁产生一定范围的破碎带,故此时支承压力呈现出降低趋势。随着支承压力向深部移动此时实体煤承载能力较好，呈现出升高趋势。故支承压力在实体煤边缘处形成一定范围的波动区。

（3）原岩应力区。当作用在实体煤下方底板支承压力达到峰值后，随着不断向实体煤帮深部移动，支承压力不断衰减。支承压力在实体煤深部传播一定距离后最终衰减到与原岩应力一致。

图5-9为巷内预充填"一次回采"过程中底板不同深度支承压力分布图。由图可知，随着底板深度的增加，充填体和实体煤下方底板支承压力峰值出现不同程度的衰减。而充填体下方的支承压力衰减明显，尤其是在底板深度由 2 m 变化到 4 m 时充填体下方支承压力峰值出现突变，支承压力峰值由 17.0 MPa 衰减至 12.3 MPa；支承压力随着底板深度的加深峰值而不断减小，且不断向实

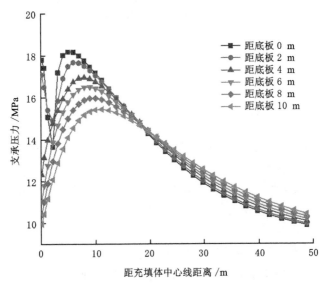

图5-9　巷内预充填"一次回采"过程中底板不同深度支承压力分布

体煤深部底板转移。底板深度为 0 m 时,作用在充填体下方底板峰值为 17.8 MPa;而在距离充填体 4 m 处时实体煤下方底板达到峰值,为 18.1 MPa;当底板深度为 10 m 时,作用在充填体下方底板峰值为 9.9 MPa;而在距离充填体 9 m 处时实体煤下方底板达到峰值,为 15.4 MPa。

5.4 "二次掘巷"过程中底板稳定性分析

5.4.1 "二次掘巷"过程中围岩应力分布特征

根据围岩"大、小结构"原理可知,"二次掘巷"过程中巷内预充填位置恰好位于较稳定的"大结构"下方。如图 5-10(a)所示,在"二次掘巷"过程中,充填体帮和实体煤帮深处出现不同程度的垂直应力集中。其中,作用在充填体帮上方的垂直应力峰值为 22.1 MPa,集中系数为 2.28;而实体煤帮在距巷帮煤壁 3 m 处的到达垂直应力峰值,为 19.5 MPa,集中系数为 2.01。此时,相较于"一次回采"过程中作用在充填体和实体煤上方的垂直应力峰值相对减小。如图 5-10(b)所示,在"二次掘巷"过程中,水平应力集中主要出现在巷内预充填附近和顶板层间错动离层区域,其中底板下方 1.5 m 处出现水平应力集中,应力峰值为 4.9 MPa。通过上述分析可知,巷内预充填位置位于较稳定的"大结构"下方。因此,受"二次掘巷"扰动后,围岩卸压引起应力在小范围内重新分布,导致作用在充填体帮和实体煤帮上的应力有所升高。

5.4.2 "二次掘巷"过程中围岩位移分布特征

由图 5-11 和表 5-1 可知,受"二次掘巷"开挖扰动后,巷道围岩卸压引起巷道围岩出现不同程度的位移变化。其中,顶底板的变形量要明显大于实体煤帮和充填体帮的变量。在"二次掘巷"稳

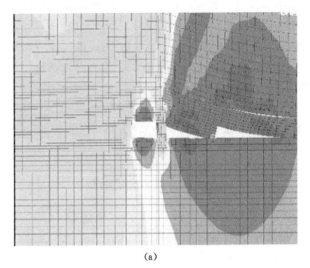

(a)

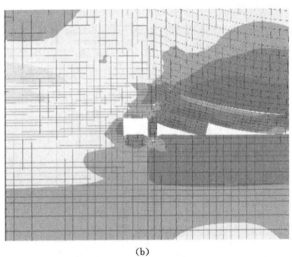

(b)

图 5-10　巷内预充填"二次掘巷"过程中围岩应力分布规律

（a）"二次掘巷"阶段围岩垂直应力；（b）"二次掘巷"阶段围岩水平应力

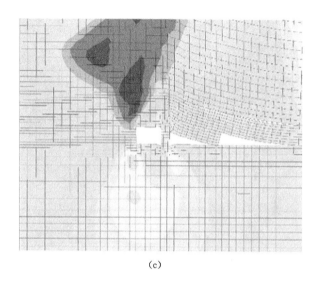

(c)

续图 5-10 巷内预充填"二次掘巷"过程中围岩应力分布规律

(c)"二次掘巷"阶段围岩剪切应力

定期内,顶板的下沉量为 322.1 mm;底板的鼓起量为 252.9 mm;实体煤帮的移近量为 111.7 mm;充填体帮的移近量为 105.1 mm。而"二次掘巷"过程中底鼓最主要的原因是受到作用在充填体帮和实体煤帮上的高支承压力影响。另外,由于充填体墙的强度和刚度较大,导致变形量略小于实体煤帮。

表 5-1 巷内预充填"二次掘巷"过程中巷道围岩变形量统计表

阶段	变形量/mm			
	顶板	底板	实体煤帮	充填体帮
掘巷稳定期	322.1	252.9	111.7	105.1

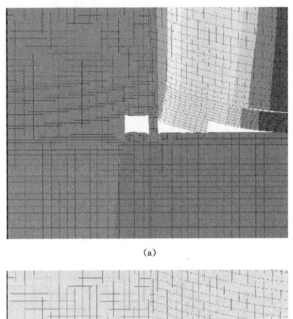

(a)

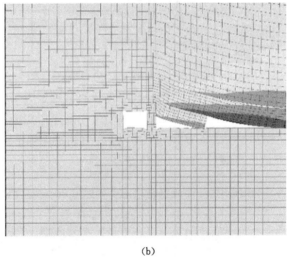

(b)

图 5-11　巷内预充填"二次掘巷"过程中围岩位移分布规律

（a）"二次掘巷"阶段围岩垂直位移；（b）"二次掘巷"阶段围岩水平位移

5.4.3 "二次掘巷"过程中围岩塑性区分布特征

如图 5-12 所示,受"二次掘巷"扰动,塑性区发生小规模的扩展。因为"二次掘巷"位置位于围岩"大结构"下方,而"大结构"较为稳定无形中对下方岩层形成一个保护结构。而"二次掘巷"过程相当于卸压过程,引起围岩"小结构"的应力变化。故此,塑性区发生小规模的扩展。其中,实体煤帮在距巷帮煤帮 3 m 范围内形成塑性区;巷道底板下方 5.5 m 范围内形成塑性区。而受到"二次掘巷"开挖卸压的影响,作用在充填体帮上方的支承压力相较于"一次回采"过程中有所降低。因此,塑性区几乎未发生改变。

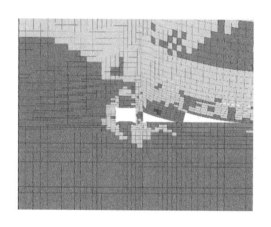

图 5-12　巷内预充填"二次掘采"过程中围岩塑性区分布规律

5.4.4 "二次掘巷"过程中底板支承压力分布特征

如图 5-13 所示,在"二次掘巷"后,应力进一步重新分布,在充填体和实体煤下方底板产生不同程度的侧向支承压力集中。其中作用在充填体帮下方底板的支承压力峰值要略大于在距离实体煤帮巷帮煤壁 3 m 处实体煤帮下方底板，分别为 19.8 MPa、18.7 MPa。与"一次回采"过程中相比较作用在底板的支承压力有所差异。其中，"一次回采"过程中作用在充填体下方底板的支承压力要略小于实体煤下方底板的支承压力；而"二次掘巷"过程中作用在充填体帮下方底板支承压力则大于实体煤帮下方的支承压力。原因是受到"二次掘巷"开挖的扰动后，支承压力向围岩传递。而此时充填体帮的承载仍然较好，故此，传递给充填体帮的支承压力较大。

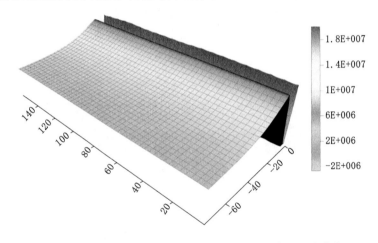

图 5-13　巷内预充填"二次掘巷"过程中底板表面支承压力分布

"二次掘巷"过程中底板表面处的支承压力大致可分为如下四个区域：

（1）支承压力升高区。受到"二次掘巷"的开挖扰动，围岩应力重新分布，由于充填体帮的强度和刚度较大，承载能力较好。因此，支承压力在充填体帮下方底板形成升高区。

（2）支承压力降低区。"二次掘巷"后，巷道围岩形成卸压区域。因此，底板表面出现降低区。

（3）支承压力升高区。"二次掘巷"后,随着支承压力向实体煤帮深部移动支承压力呈现出升高趋势。故在实体煤帮边缘一定范围内形成升高区。

（4）原岩应力区。随着不断向实体煤帮深部移动,支承压力不断衰减。当远离充填体一定距离后最终衰减到与原岩应力一致。

如图5-14所示,随着底板深度的增加,支承压力峰值出现不同程度的衰减,同时随着底板深度的增加,作用实体煤帮下方底板的峰值逐渐向煤体深部转移。而巷道下方底板的支承压力则随着底板深度的增加而增加。随着底板深度由0 m加深到10 m时,充填体帮下底板峰值由19.8 MPa减少至17.6 MPa,实体煤帮下方底板支承压力峰值由18.7 MPa减少至15.2 MPa,而巷道下方底板支承压力峰值则增加至7.1 MPa。

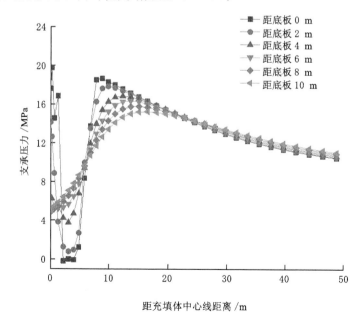

图5-14 巷内预充填"二次掘巷"过程中底板不同深度支承压力分布

5.5 "二次回采"过程中底板稳定性分析

5.5.1 "二次回采"过程中围岩应力分布特征

如图 5-15 所示,"二次回采"过程中,围岩应力分布主要受支承压力叠加影响。图 5-15(a)为工作面超前 0 m 时围岩应力分布情况。明显可以看出作用在充填体上方的垂直应力明显大于实体煤帮上方,其中作用在充填体上方的垂直应力峰值为 33.2 MPa,集中系数为 3.43;作用在实体煤帮上方的垂直应力为 15.1 MPa,集中系数为 1.56。图 5-15(b)为工作面超前 5 m 时围岩应力分布情况,可以看出在充填体帮和实体煤帮形成明显的应力集中,其中,作用在充填体帮上方的垂直应力峰值为 31.5 MPa,集中系数为 3.26;而实体煤帮在距巷内预充填实体煤帮巷帮煤壁 3 m 处到达垂直应力峰值,垂直应力峰值为 28.6MPa,集中系数为 2.96。随着工作面超前距离不断远离本区段工作面停采线,作用在充填体帮和实体煤帮上方的支承压力峰值随之减小。图 5-15(c)~(h)分别为工作面超前 10 m 至 35 m 时,围岩垂直应力的分布情况。其中,工作面超前 35 m 时作用在充填体帮上方的垂直应力峰值为 29.5 MPa,集中系数为 3.05;作用在实体煤帮上方的垂直应力峰值为 22.5 MPa,集中系数为 2.33。

通过上述分析可知:巷内预充填"二次回采"过程中,围岩应力分布主要受到支承压力影响。其中,充填体帮上方的应力峰值随着远离停采线不断减小。而实体煤帮上方的应力峰值在超前 0 m 时最小。原因是受到本区段工作面回采的影响,在停采线附近的煤体进入破碎状体承载能力降低。工作面超前距离从 5 m 至 35 m 时,实体煤帮上方的应力峰值随之减小。

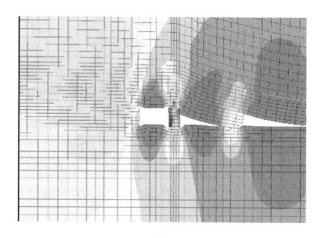

(a)

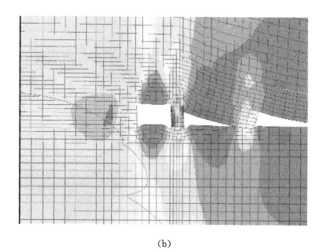

(b)

图 5-15 巷内预充填"二次回采"过程中工作面超前段垂直应力分布规律

(a) 工作面超前 0 m；(b) 工作面超前 5 m

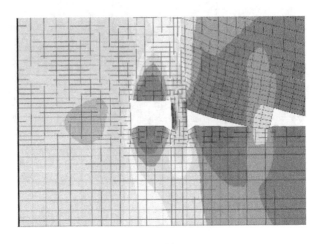

(c)

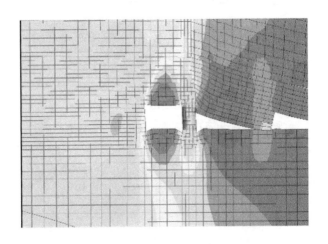

(d)

续图 5-15　巷内预充填"二次回采"过程中工作面超前段垂直应力分布规律

(c) 工作面超前 10 m；(d) 工作面超前 15 m

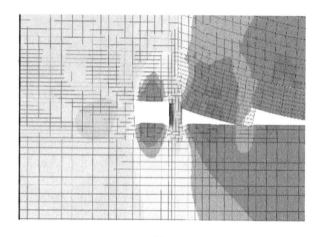

(e)

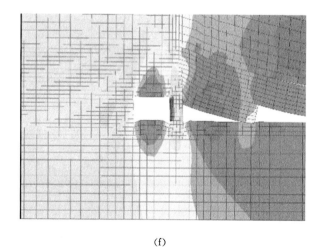

(f)

续图 5-15 巷内预充填"二次回采"过程中工作面超前段垂直应力分布规律

(e) 工作面超前 20 m；(f) 工作面超前 25 m

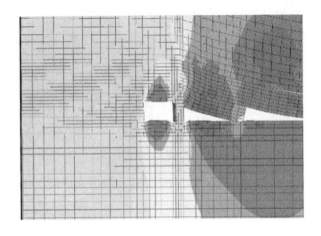

(g)

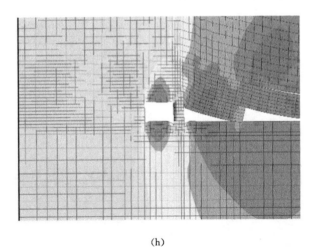

(h)

续图 5-15　巷内预充填"二次回采"过程中工作面超前段垂直应力分布规律

(g) 工作面超前 30 m；(h) 工作面超前 35 m

5.5.2 "二次回采"过程中围岩位移分布特征

由图 5-16 和表 5-2 可知,受"二次回采"开挖扰动后,引起"大结构"的改变,巷道围岩卸压引起巷道围岩出现不同程度的位移变化。其中,顶底板的变形量要明显大于两帮的变形量。在"二次回采"后,工作面超前 0 m 时,顶板的下沉量最为显著,为 828.4 mm;底板的鼓起为 310.2 mm;实体煤帮的移近量为 222.8 mm;充填体帮的移近量为 130.8 mm。其中,底板的鼓起量、实体煤帮的移近量和充填体帮的移近量略小于工作面超前 5 m 时。原因是受到支承压力叠加的影响。靠近停采线附近的煤体进入破碎区承载能力下降。但随着工作面超前距离由 5 m 增加至 35 m 时,巷内预充填围岩变形量随之减小。

表 5-2　巷内预充填"二次回采"过程中巷道围岩变形量统计表

工作面超前距离 /m	位移量/mm			
	顶板	底板	实体煤帮	充填体帮
0	828.4	310.2	222.8	130.8
5	615.7	321.8	229.3	141.5
10	541.6	314.3	200.6	132.1
15	474.0	301.8	176.3	116.8
20	441.3	292.9	164.3	111.7
25	413.4	284.1	156.9	108.6
30	381.3	272.9	153.9	107.1
35	358.8	264.8	139.7	106.1

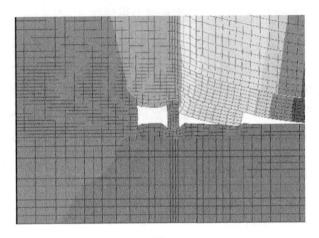

(a)

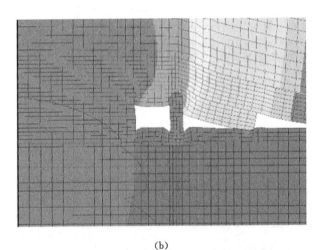

(b)

图 5-16 巷内预充填"二次回采"过程中工作面超前段垂直位移分布规律

(a) 工作面超前 0 m；(b) 工作面超前 5 m

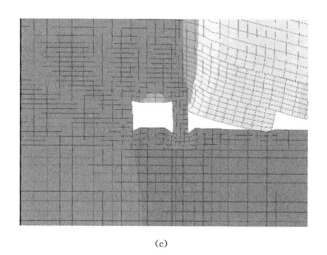

(c)

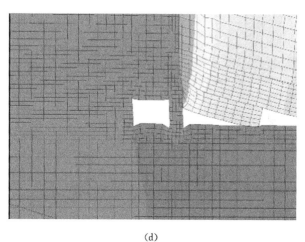

(d)

续图 5-16 巷内预充填"二次回采"过程中工作面超前段垂直位移分布规律
(c) 工作面超前 10 m;(d) 工作面超前 15 m

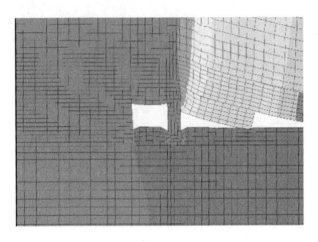

（e）

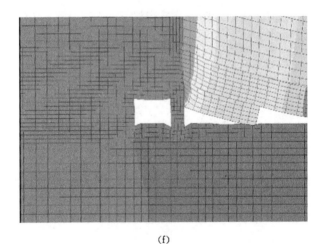

（f）

续图 5-16　巷内预充填"二次回采"过程中工作面超前段垂直位移分布规律

（e）工作面超前 20 m；（f）工作面超前 25 m

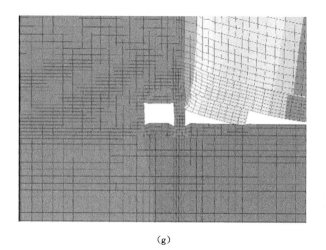

(g)

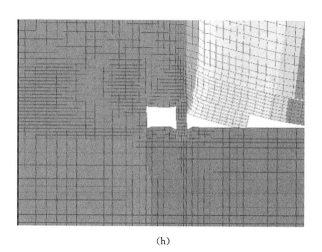

(h)

续图 5-16 巷内预充填"二次回采"过程中工作面超前段垂直位移分布规律

(g) 工作面超前 30 m;(h) 工作面超前 35 m

5.5.3 "二次回采"过程中围岩塑性区分布特征

如图 5-17 所示,受"二次回采"开挖扰动后,工作面超前 0 m 时,巷内预充填围岩塑性区发生大规模扩展。因为,"二次回采"后,靠近工作面停采线附近的煤体进入破碎。随着工作面超前距离的增加,塑性区范围逐渐减小。同时,充填体帮因受到一次掘巷、两次回采的扰动而进入破碎状态,但仍有承载能力。

5.5.4 "二次回采"过程中工作面超前段底板支承压力分布特征

由图 5-18、图 5-19 可知,随着超前距离的变大,作用在充填体帮下方底板的支承压力峰值随之减少;而实体煤帮下方底板的支承压力在停采工作面时峰值最小,为 15.2 MPa;而超前距离由 5 m 变化至 35 m 时,实体煤帮下方底板的峰值随之减小,由 27.2 MPa 变小至 20.9 MPa。其中,超前距离由 5 m 变化至 20 m 时,作用在实体煤帮下方底板的支承压力峰值要大于充填体帮下方底板的支承压力峰值;而超前距离由 25 m 变化至 35 m 时,作用在实体煤帮下方底板的支承压力峰值要小于充填体帮下方底板。其原因是受到支承压力叠加的作用影响,充填体帮在高支承压力的影响下产生破坏,支承压力向实体煤帮下方底板转移,因此出现实体煤帮下方底板支承压力峰值大于充填体帮下方底板支承压力峰值。

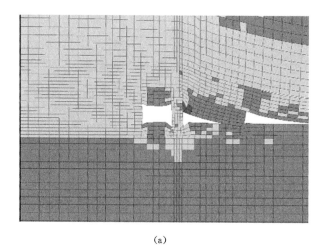

(a)

(b)

图 5-17 巷内预充填"二次回采"过程中工作面超前段塑性区分布规律

(a) 工作面超前 0 m；(b) 工作面超前 5 m

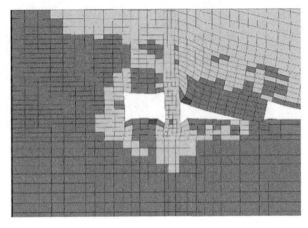

(c)

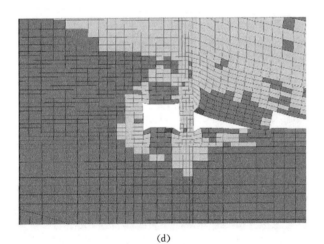

(d)

续图 5-17　巷内预充填"二次回采"过程中工作面超前段塑性区分布规律

(c) 工作面超前 10 m；(d) 工作面超前 15 m

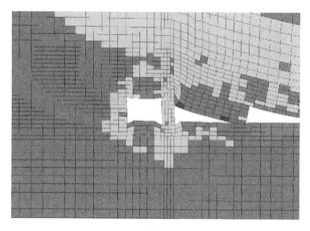

(e)

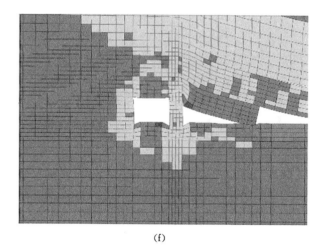

(f)

续图5-17　巷内预充填"二次回采"过程中工作面超前段塑性区分布规律

(e)工作面超前20 m;(f)工作面超前25 m

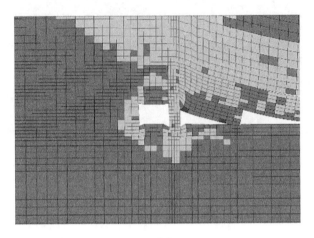

(g)

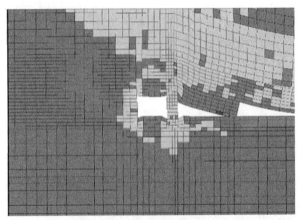

(h)

续图 5-17　巷内预充填"二次回采"过程中工作面超前段塑性区分布规律

(g) 工作面超前 30 m；(h) 工作面超前 35 m

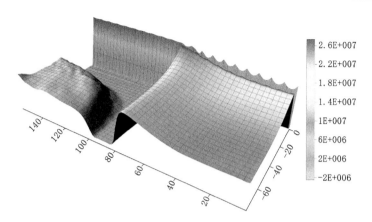

图 5-18 巷内预充填"二次回采"过程中底板表面支承压力分布

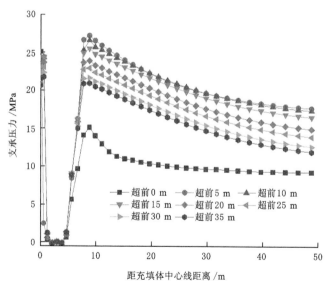

图 5-19 巷内预充填"二次回采"过程中工作面
超前段底板支承压力分布规律

5.6　本章小结

本章应用三维数值仿真软件 FLAC3D 对巷内预充填"掘采"全过程中底板稳定性进行了数值模拟分析,得出以下结论。

(1)"一次掘巷"过程中:在"一次掘巷"扰动下应力重新分布。同时,充填体在"一次掘巷"完成后就靠近非截割帮预筑完成,并在稳定期内作为巷道的主要承载体。由于充填体的强度和刚度比较大,本阶段巷道底板支承压力出现不对称分布。

(2)"一次回采"过程中:受到"一次回采"的影响,引起底板支承压力峰值向实体煤深部底板转移,此时底板出现两个峰值。并且,作用在实体煤下方底板的峰值略高于作用在充填体下方底板。其中,充填体下方底板的峰值为 17.8 MPa;实体煤下方底板的峰值为 18.1 MPa。同时,随着底板深度的加深作用在底板的支承压力出现不同程度的衰减,并且实体煤下方底板的峰值随着底板的加深不断向实体煤深部移动。

(3)"二次掘巷"过程中:"二次掘巷"过程中,巷道围岩卸压应力向实体煤帮和充填体帮转移。此阶段作用在充填体帮下方底板支承压力峰值略高于实体煤帮下方底板。其中,充填体帮下方底板的峰值为 19.8 MPa;实体煤帮下方底板的峰值为 18.7 MPa。在"二次掘巷"稳定区内,巷内预充填顶板的下沉量为 322.1 mm;底板的鼓起量为 252.9 mm;实体煤帮的移近量为 111.7 mm;充填体帮的移近量为 105.1 mm。

(4)"二次回采"过程中:受到支承压力叠加的作用下,巷内预充填围岩出现了二次变形,顶板下沉量在工作面处达到最大为 828.4 mm,并随着超前距离的增加下沉量不断减小;底板鼓起量、实体煤帮和充填体帮的移近量在超前 5 m 处达到最大,分别为 321.8 mm、229.3 mm、141.5 mm。同样随着超前距离的增加变形量不断减小。在停采工作面处,作用在实体煤帮下方底板支承压力峰值明显小于充填体帮下方底板;在超前 5 m 处,实体煤帮下方底板的峰值达到最大值为 27.2 MPa;且随着超前距离的变大,作用在充填体帮和实体煤帮下方底板的峰值不断减小。同时,当超前距离为 5~20 m 时,作用在实体煤帮下方底板的支承压力峰值略大于充填体帮下方底板;而当超前距离大于 20 m 时,作用在实体煤帮下方底板的支承压力峰值略小于充填体帮下方底板。

6 巷内预筑充填体的稳定性分析与参数确定

根据综放巷内预充填无煤柱掘巷围岩结构演化特点,将其分为上工作面回采阶段、本工作面掘进阶段和本工作面回采阶段,"三阶段"过程中无论是应力分布,或是围岩变形,每个阶段都呈现不同的特点。而充填体在上工作面回采阶段前就已经构筑好,充填体在围岩运动的"三阶段"中的受力特征更加复杂,将经历多次采动和掘巷扰动的加压与卸压作用,如何维持充填体在各个阶段的稳定性,是无煤柱掘巷是否成功的关键。本章分析了巷内预筑充填体的作用机理及其在服务期间的受力特征,在此基础上合理确定了充填体的参数。

6.1 充填体稳定性分析

6.1.1 巷内预筑充填体的作用机理

巷内预充填体在整个服务期间内主要经历三个过程。

(1)上工作面回采阶段

由于巷内预充填为提前构筑,在上工作面回采前,充填体已达到了最终强度,并且充填体的另一侧为实体煤,这些因素都有利于该阶段充填体的稳定性;相比较于不构筑充填体,充填体位置处的煤体受采动影响后将由弹性转变为塑性,同时塑性区将向深部煤体扩展;而由于充填体的强度、刚度大,充填体的变形很小,将仍然保持弹性状态,其上方的部分顶煤、直接顶和充填体侧的实体煤将变为塑性状态,而作用于充填体上的支承压力难以转移,因此侧向支承压力在充填体处发生集中。

（2）沿充填体的掘巷阶段

本工作面沿充填体无煤柱掘巷时,上工作面采动引起的覆岩移动基本已经稳定,已由活动状态逐渐转为静态的受力平衡状态,且巷道掘进区域距离基本顶较远,其间间隔有较大厚度的顶煤和直接顶,由于掘巷时,小范围的围岩应力受到扰动影响,因此巷道掘进仅对"小结构"的应力影响较大,对"大结构"的稳定影响小。相比较于巷内预充填无煤柱掘巷,一般的留煤柱沿空掘巷虽然塑性区范围较巷内预充填无煤柱掘巷的范围要大,但由于留设了较宽的煤柱,该宽度一般超过了塑性区的范围,因此掘巷时的顶板是弹性的,巷道稳定性较好,维护时难度较小;而巷内预充填的充填体宽度窄,受上工作面采动影响后充填体处的围岩塑性区将扩展,掘巷时部分顶煤在塑性区的范围内,且围岩较破碎,增加了巷道支护的难度。巷内预充填体宽度窄的特点,原本稳定的充填体在一侧的实体煤被挖掘后即打破了原有的应力平衡,有必要对它的稳定性进行分析。

（3）本工作面回采阶段

该阶段的受力情况最为复杂,将同时受到本工作面采动超前支承压力的影响和上工作面侧向支承压力的影响,同时该阶段也是巷道变形最大的阶段。由之前的分析可得,常村矿 S511 轨道顺槽采用与 S510 皮带顺槽相同的支护方式和强度后,在 S511 轨道顺槽沿充填体无煤柱掘巷稳定阶段,顶板下沉量约 120 mm,而在 S511 综放面回采阶段,巷道在工作面端头处仅顶板下沉量就达 557 mm,实体煤帮位移量达 460 mm,巷道的顶底板、实体煤帮和充填体帮都将产生不同程度的变形。在本工作面采动超前支承压力和上工作面侧向支承压力双重压力的作用下基本顶继续回转作用于直接顶并导致沿空巷道变形下沉,而掘巷后就已发生应力集中的实体煤帮在采动超前支承压力影响下将可能发生压裂破坏或者剪切破坏,而本工作面沿空巷道的底鼓和上工作面充填体侧巷道的底鼓将可能同时影响充填体的稳定,易造成充填体底部失稳而发生倾倒。

通过分析充填体在上工作面回采、本工作面掘巷和回采阶段的受力特点,得出充填体的作用机理如下:

(1)在上工作面回采阶段,充填体应接顶良好,有足够的宽度、强度和刚度支撑顶煤和直接顶,防止顶煤、直接顶与基本顶之间离层,并分担充填体侧实体煤的载荷;

(2)掘巷阶段,充填体不被压裂或发生倾倒,满足生产安全的要求;

(3)本工作面回采阶段,充填体需要有足够的强度和刚度来抵御基本顶来压,避免工作面处及超前支护范围内的充填体破坏出现裂隙,从而有效防止上工作面采空区的瓦斯通过裂隙涌入本工作面,防止造成本工作面瓦斯超限,同时充填体还需起到挡矸、防水、防火等灾害的作用。

6.1.2 充填体在服务期间的受力特征分析

(1)上工作面回采期间充填体的受力特征

在上工作面回采期间,由于充填体强度、刚度大,类似于刚体,受高应力后不发生塑性变形,仍保持弹性状态,高应力难以转移,因此上工作面侧向支承压力在充填体处发生应力集中,由前面数值模拟得出,垂直应力达 37.7 MPa,应力集中系数为 3.35。

(2)本工作面掘进期间充填体的受力特征

本工作面掘进期间充填体的应力相比于掘巷前有所降低,由 37.7 MPa 减为 30.4 MPa,主要原因是掘巷扰动后,巷道周围的应力重新分布,应力向实体煤发生了转移。

(3) 本工作面回采期间充填体超前支承压力分布规律

图 6-1 为在充填体顶部布置三个测点(靠采空区侧、中部、靠实体煤侧)取平均值求得的应力随工作面走向的变化规律。由图可知,充填体在本工作面回采阶段的超前支承压力的垂直应力和水平应力具有相同的变化规律,都是在工作面前方 6 m 左右处达到峰值,随后随着远离工作面,垂直应力和水平应力都逐渐减小。垂直应力的峰值约 39.7 MPa,说明本工作面采动支承压力与上工作面侧向支承压力叠加后的应力集中系数达到 3.53。工作面位置处的充填体应力为 37.3 MPa,较于应力峰值稍稍降低。距离工作面 60 m 处的垂直应力为 29.2 MPa,应力集中系数为 2.60。

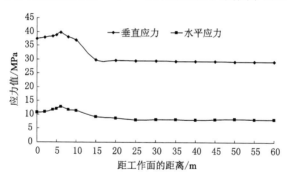

图 6-1 充填体应力随工作面走向的变化规律

在工作面前方 6 m 处水平应力达到极值,为 12.9 MPa。其余位置的应力值变化小,均为 8.3 MPa 左右。水平应力给予充填体侧向约束,有利于充填体的稳定。

(4) 充填体水平方向的稳定性分析

① 由数值模拟得出,在掘进稳定阶段,充填体上部、中部和底部的水平位移分别为 23 mm、14 mm 和 4 mm,相对于宽度为 1 600 mm 的充填体,该阶段的水平位移极小,充填体在掘巷稳定

阶段能够保持水平方向的稳定性。

② 图 6-2 为本工作面回采阶段充填体水平位移量随工作面走向的变化规律。由图可知,在工作面的位置处,充填体约向实体煤帮方向整体移动了 9 mm,除去整体移动量,充填体上部的水平位移量为 62 mm,中部的水平位移量为 32 mm,充填体受采动影响的回转角度不到 1°,因此本工作面回采阶段充填体仍能够保持水平方向的稳定性。

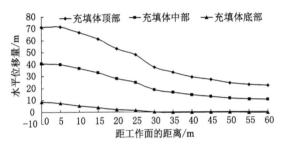

图 6-2　充填体水平位移量随工作走向的变化规律

充填体的稳定性主要包括抗压能力和抗倾倒能力,即充填体在受到掘巷应力扰动和采动支承压力的作用下,在垂直方向仍保持弹性不被压裂、压垮,在水平方向不发生倾倒。从以上分析可得,虽然充填体在"三阶段"过程中始终处于较高的应力状态,但当充填体的宽度为 1.6 m,强度为 30 MPa,同时充填体置入锚栓后,充填体在服务期间能够满足稳定性的要求。

6.2　充填体参数的确定

6.2.1　充填材料的选择

区别于一般性的留窄煤柱沿空掘巷,巷内预充填体将窄煤柱置换,在上工作面回采阶段,需要充填体具有较高的强度得以使其一直保持弹性状态而不被压垮破坏,这就给充填体侧的实体煤持续提供较高的围压,从而有效减小实体煤的塑性区范围,为后期沿充填体掘巷提供了先决条件。另一方面,充填体又不能完全控制充填侧的煤体变为塑性状态,而一定宽度塑性区的存在使该区域应力较左右两侧的弹性体应力值都更低,而巷道恰好在此处掘进,这对巷道的稳定性有利。因此巷内预充填体的强度要求较高,其强度要大于直接顶的强度,防止基本顶断裂回转时充填体先于直接顶达到塑性,须保证在上工作面回采阶段、本工作面掘进阶段和本工作面回采阶段中工作面前方区域的充填体一直保持弹性状态。

为保障巷内预充填的充填体具有良好的护巷效果,充填材料应满足一些要求:① 较高的强度,保证充填体具有良好的力学传递性;② 良好的隔离性;③ 来源广泛,价格低廉;④ 接顶性能良好;⑤ 良好的工艺性能,充填设备易操作。

虽然高水材料具有较突出的塑性特征,从裂隙发育到完全破坏失去承载能力经历时间较长,但是由于它的强度一般较低,难以满足要求。而混凝土的强度高,按照《混凝土结构设计规范》,普通混凝土划分为十四个等级,即:C15,C20,C25,C30,C35,C40,C45,C50,C55,C60,C65,C70,C75,C80。例如,强度等级为 C30 的混凝土是指 30 MPa≤fcuk<35 MPa,其中 fcuk 为混凝土立方体抗压强度标准值。因此选择混凝土作为充填材料。

6.2.2 充填体强度及宽度的确定

充填体的整体稳定性包括充填体抗压能力、抗倾倒能力、抗采空区冒落矸石侧向压力的能力等。沿空巷道充填体稳定性的关键参数是充填体的强度及尺寸。

在一般的巷旁充填沿空巷道施工中,为了提高充填体的稳定性往往采取将充填体宽度加宽的方式,但如果沿空巷道顶板岩性较弱,通过加宽充填体宽度提高支护阻力有可能导致沿空巷道直接顶(顶煤)发生剪切失稳,并且沿空巷道充填体强度普遍较大,在压力传递过程中存在"集硬效应",即"硬多支载",充填体强度大,相比较于强度较小的实体煤,充填体处将承受更大的压力,对其稳定性不利。

巷内充填体的构筑宽度是一个重要的参数,它不仅影响巷内充填体的稳定性,并且关系到整个工程的经济效益。从稳定性角度分析,巷内充填体越窄,稳定性越差,甚至在上工作面回采阶段充填体就被压裂破坏;而加宽充填体的宽度,将增加充填体的稳定性,但宽度更大的充填体也就意味着将提高充填工程的成本,降低无煤柱掘巷的经济效益。因此,应遵循"在满足充填体稳定性条件下构筑宽度尽可能小"的原则。

由前面的理论分析和数值模拟可知,充填体宽度为 1.2 m、强度等级为 C20 时,在上工作面回采过程中充填体就遭到破坏。通过分析充填体在"三阶段"的受力特征,可知充填体在服务期间长时间受到应力集中作用,应力最大值未超过 40 MPa。C30 的混凝土立方体抗压强度标准值(fcuk)为 30~35 MPa,由于充填体采用锚栓加固,可加固充填体的同时提供一定量的侧压,同时充填袋表面有横纵向的加筋绳,从而有效控制充填体的侧向变形,提高充填体的承载能力。由数值模拟得出混凝土的强度等级选 C30,宽度为 1.6 m 时,充填体墙在"三阶段"能够保持稳定。

6.2.3　充填模板的选择与设计

目前,充填常用的模板主要有硬质模板和柔性模板,分述如下:

(1)硬质活动充填模板结构

为了使充填浆体按设计要求凝固成形,充填时应架设充填模板。由于充填体充填高度大,充填时一次架设模板难度大,施工困难,为此将充填模板设计成基础模板和调节模板两部分。

基础模板如图 6-3 所示,它包括巷道侧挡板、前挡板和后挡板三部分。基础模板全由木质制作而成,上下块模板只需重叠搭接即可,前挡板与巷道侧挡板用单体柱子靠紧,用背板背实。前挡头模板靠两侧要安设挡块,巷道侧挡块与巷道侧模板配合,巷道后侧挡块与巷道后模板配合。

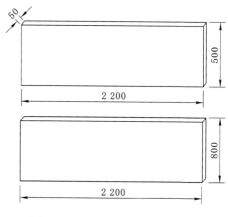

图 6-3 基础模板单块模板示意图

调节模板如图 6-4 所示,它是用 40～50 mm 厚的木质板材加工而成。

基础模板与调节模板的安设不是一次性完成的,而是在充填过程中随着充填高度的增加而逐渐架设的,特别是前挡头模板可滞后架设,因为充填喷头可在该位置往充填空间送料。

(2) 柔性模板结构

柔性模板简称柔模,它是相对于传统刚性模板而言的。柔模具有柔性自成形、阻燃抗静电、透水不透浆、强度高、质量轻、一次性不回收、安装简单、施工方便的特点。柔模设有加筋绳、拉筋、锚栓孔、灌注口、可调节套筒、植筋口。可调节套筒上根据煤层高度

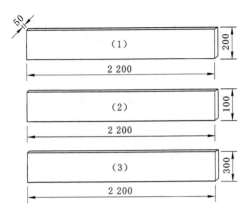

图 6-4　调节模板单块模板示意图

缝制 2～3 个套筒，根据煤层厚度变化选择柔模挂吊高度。如图 6-5 为柔模井下实拍图。

（3）硬模与柔模比较

硬模空间内可安放钢筋骨架，承载能力及稳定性好，柔性模板上设有加筋绳，横截面中可均布锚栓以起到增加充填体强度的作用。柔模成本较高，而硬模可以重复使用。硬模施工的主要缺点是工序较复杂，需拆装模板，充填效率低，劳动强度大，而柔模挂设方便，易操作，充填效率高。本次常村矿 S511 皮带顺槽内预充填选用的是柔性模板。

（4）柔性模板设计

柔性模板是由双层纤维布缝制成袋状的长方体，柔性模板上设有加筋绳、充填体宽度控制拉筋、锚栓预留孔、灌注口和翼缘。

柔性模板长度一般为 3 m，柔模高度不小于浇筑空间高度，一般富余 0.1 m，柔模宽度为充填体设计宽度。翼缘上缝制 3 个套筒，根据煤层厚度变化选择柔性模板挂吊高度。灌注口为 3 层，内层置于柔性模板内侧，防止泵注完成拔管时漏浆，外面两层与输送

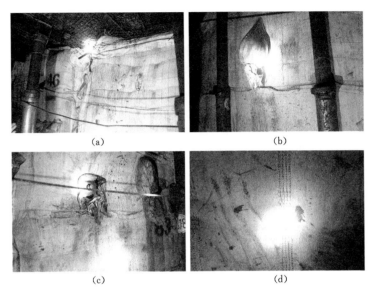

(a)　　　　　　　　　(b)

(c)　　　　　　　　　(d)

图 6-5　柔模井下实拍图

(a) 柔模整体效果;(b) 柔模注浆口;(c) 柔模锚栓;(d) 柔模加筋绳

管绑扎连接,长度为 400 mm。

S511 皮带顺槽扩巷高度是 3.5 m,充填体宽度为 1.6 m,因此初期试验阶段柔性模板尺寸:长×宽×高＝3.0 m×1.6 m×3.6 m。

充填体稳定性主要取决于在顶板压力作用下,垂直方向和水平方向的变形失稳情况。当水平方向变形较大时,充填体就会失稳。为了控制柔模充填体的横向变形,提高柔模充填体承受动载的能力,在柔模充填体内预置横向锚栓。锚栓为 ϕ20 mm×1 800 mm 的等强螺纹钢,双托板双螺母,托板采用平钢板制作,托板规格为 120 mm×120 mm×10 mm。锚栓的间排距为 1 000 mm×1 200 mm,如图 6-6 所示。

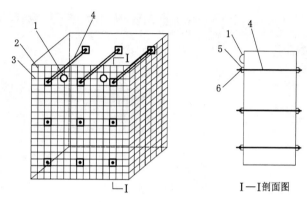

图 6-6　柔性充填袋示意图

1——灌注口;2——纵向加筋绳;3——横向加筋绳;

4——锚栓;5——托盘;6——螺母

充填体置入锚栓可有效控制充填体的侧向变形,表面由二向受力变成三向受力,提高其抗拉、抗剪的能力,提高充填体承载与抗变形能力,增加充填体的稳定性。

6.3　本章小结

（1）由理论分析和数值模拟分析可得,巷内预充填体必须具备高强度和一定的宽度,使其在上工作面回采阶段承受住侧向支承压力峰值而不被破坏仍保持弹性特征,并提供较大的水平应力从而减小充填体侧实体煤的塑性区范围,混凝土材料能够满足该要求,根据常村矿的采矿地质条件,最终选择充填体宽度为 1.6 m,强度等级为 C30。

（2）充填体置入锚栓可有效控制充填体的侧向变形,提高其抗拉、抗剪的能力,提高充填体承载与抗变形能力,增加充填体的稳定性。

7 无煤柱掘巷围岩控制机理与支护技术

一般留窄煤柱沿空掘巷巷道围岩应力特点为巷道处于低应力区，掘进期间围岩应力集中程度小，回采期间应力集中程度大。由前面的分析可知，沿充填体掘巷位置处的应力虽较于充填体顶部应力更小，但其数值仍较高，约为原岩应力的 2 倍，较高应力下掘出的巷道变形量较大，维护难度大。另外本工作面回采时，巷道同时受到本工作面采动压力和上工作面侧向支承压力的作用，围岩应力重新分布，同时围岩变形呈现出不均匀性。本章通过分析上工作面回采、本工作面掘巷和本工作面回采"三阶段"围岩变形机理，分别对上工作面顺槽、充填体顶板、本工作面顺槽的支护技术进行分析研究，最终得出巷内预充填无煤柱掘巷"分区非匀称"支护技术。

7.1 无煤柱掘巷"小结构"变形与破坏特征

巷内预充填无煤柱掘巷在本工作面回采时同时受到本工作面采动支承压力和上工作面侧向支承压力的影响，基本顶回转造成巷道下沉变形，由前面的模拟结果可知，巷道在靠近工作面处仅顶板中部的下沉量就达 560 mm，工作面前方裂隙发育，强度降低，巷道的塑性区范围相比较于掘巷阶段进一步扩大，部分围岩呈现松散破碎状态，巷道浅部顶板出现较大范围的拉破坏区。

由图 4-8、图 4-17 本工作面掘巷和回采时顶板岩层的水平位移变化规律可知,基本顶回转造成巷道下沉变形的同时对直接顶施加高水平应力,使得顶煤与直接顶分层处、直接顶与基本顶分层处裂隙交错较发育,剪切效应明显,顶板易发生层间错动离层。

由图 4-15 巷道顶板下沉量随工作面走向的变化规律可知,本工作面回采后巷道顶板靠煤帮侧、中部和靠充填体侧的下沉量呈非均匀性,靠充填体侧的顶板下沉量最大,这是由于充填体强度大顶煤松软的特点,充填体处巷道肩角的顶煤极易出现压剪破坏而致切落下沉。

由图 4-11 工作面前方 5 m 处"四层面"垂直应力分布规律和图 4-16 巷道两帮移近量随工作面走向的变化规律可知,锚杆锚固范围内的实体煤帮处于较高的应力环境中,煤帮受压后将以压剪形式破坏,使帮部位移量较大,而且帮部锚杆可能出现剪切破断现象。

以上分析得出无煤柱掘巷变形形态和破坏机理不同,并呈现出非均匀变形特征,因此有必要对巷道各个区域进行分区,最终得出"分区非匀称"支护体系。

7.2　巷内预充填无煤柱掘巷支护技术

7.2.1　上工作面顺槽支护解除技术

上工作面大断面掘出后,首先用单体液压支柱进行减跨,然后根据巷道处的采矿地质条件和服务年限等进行支护设计。在不进行巷内预充填的巷道断面中的支护设计在参照相邻工作面顺槽的支护设计的基础上,尽量降低支护强度,并在工作面回采时采取支护解除的技术措施,从而达到顺槽在回采后充分垮落的目的。煤岩体垮落在充填体旁将有助于充填体在水平方向的稳定性,同时,使顺槽和端头未放煤段的顶煤和直接顶尽早垮落,上方基本顶及早触矸,有助于充填体在垂直方向的稳定性。

上工作面顺槽支护解除分为锚索支护解除和锚杆支护解除。锚索支护解除是将锚索端部的锚具退掉,使其失去张拉功能,即解除锚索对顶板进行深部锚固而产生强力悬吊作用。锚杆支护解除是将锚杆托盘解除,即解除锚杆的锚固作用,有利于顶板在工作面采过后充分垮落。

锚索解除一般是使用专用退锚机具对锁具外套施加向上的作用力,使锁具外套同夹片脱离,夹片脱离后锚索与索具脱离,即可解除锚索对顶板的悬吊作用。而锚杆一般通过螺母破切器解除支护作用。

7.2.2　充填区顶煤稳定性控制技术

由于充填体强度大的特点,基本顶断裂回转时,充填体较容易在采空侧将上方顶煤和直接顶切断,此时充填体上方的顶煤和直接顶将受到基本顶和充填体的较强的垂向方向挤压力的作用,顶煤与直接顶易发生破坏。而当充填体上方煤岩破坏后,充填体的作用力将很难传递到基本顶处,导致基本顶将进一步回转,使得实体煤破碎区、塑性区范围扩大,煤体强度减弱从而减小对基本顶的支撑作用。因此在构筑充填体之前,对充填体上方顶板进行足够强度的支护尤为重要,必须提高充填区顶煤的稳定性和承载能力及应力传递的能力,延缓充填区顶煤的破坏。

当基本顶在充填体上方发生破断回转、弯曲下沉时,将造成充填体处的围岩产生挠曲下沉,顶煤、直接顶裂隙和塑性区进一步扩展,造成顶板裂隙发育、围岩破碎。此后,基本顶与直接顶、煤体、充填体之间达成新的力学平衡。上工作面回采后,充填体上方煤岩体由三向受力状态转变为二向受力状态,巷道顶板浅部围岩裂隙发育。

充填区域顶板加固方法是在顶板施工高强高预应力锚杆、锚索,锚杆、锚索需配大托盘护顶,增大护顶面积,充分发挥锚杆的预应力扩散效果。

采用高强高预应力锚杆(索)将巷道顶板组合成具有一定强度和抗变形能力的锚固体承载层,形成预应力承载结构,保持顶板的完整性和传递压力的连续性,从而保持巷道围岩的稳定。

预应力锚索是将钢绞线安设至巷道深部岩层并进行预加应力的施工技术,传递巷道浅部围岩的应力到深部稳定岩层的主动支护方式,给巷道围岩提供预紧力来限制围岩变形和表面松动、掉落,维持围岩的完整性。锚索通过锁具锁紧后,在预应力作用下,改变围岩的应力状态,围岩在锚索的弹性压缩作用力下形成"承载",提高了围岩的整体性、内在抗力和刚度,增加了其自身强度,增大了围岩的稳定性强度。锚索支护能使层状顶板连锁在一起共同作用,增强岩层层面间的力学联系,能使围岩发挥更强的承载能力,有利于巷道围岩结构的稳定,并把锚索结构和围岩介质组成复合体,被锚固的岩层能更有效地承载层理的剪切力和围岩所受的拉力。

采用该种支护将提高破碎围岩的残余强度及抗变形能力,使锚固体实现既能让压、释放围岩变形能量,又能保持自身稳定、支撑外部围岩,使锚杆(索)支护既有必要的锚固力,还有一定的让压性能,有效地控制围岩变形,实现巷道围岩稳定。

充填体的稳定性是无煤柱掘巷技术能否成功的首要因素,因此控制好其上方的顶煤至关重要,相比较于充填侧的上工作面顺槽,充填体顶板的支护强度的要求就大得多,从而形成了同一个掘进断面中支护强度不相等的非匀称支护方式。充填体上方顶板的支护强度越大,顶煤、直接顶在受上工作面采动侧向支承压力影响后的变形量将相对减小,并且如果安装的锚索长度能锚固到基本顶岩层,将使得基本顶—直接顶形成一个整体而共同运动和下沉,促使直接顶与充填体的整体刚度增大,从而增加充填体的稳定性。

另外,充填体顶板处锚索的长度可比上工作面顺槽锚索加长200 mm,从而使锚索的外露端的长度达500 mm,构筑充填体时可将锚索外露端插入到充填体中,减少充填体与顶煤、直接顶层理之间的剪切错动,增加顶煤、直接顶和充填体的稳定性。充填体采空区侧预应力锚索能提供较大的层间锚固力,有效地缓解了岩层间的离层和错动,提高围岩的完整性和自承能力。

7.2.3 无煤柱掘巷"分区非匀称"支护技术

7.2.3.1 "分区非匀称"支护技术的提出

基本顶岩块向本工作面实体煤侧回转引起直接顶被迫回转下沉,导致巷道顶板分层、错动、裂隙发育,浅部顶板岩层破碎,较深部顶板离层。

从"大结构""小结构"的角度分析,由于锚杆的长度受到限制,锚杆只能锚固在巷道浅部围岩即"小结构"的范围内,不能与"大结构"相互联系,因此可以借助锚索的特性将"大、小结构"相连,"小结构"与"大结构"相沟通,起到更好的支护效果。锚索角度可以与基本顶在给定变形下的回转角度一致,采空区侧倾斜锚索可增强基本顶关键块稳定性,减小关键块回转失稳对巷道的冲击,同时紧锁顶煤和直接顶岩层,保持充填区域顶煤和直接顶的完整性和传递压力的连续性。为防止顶煤在巷道两帮内切落,特别是充填体侧的顶煤,可采取巷道顶板和顶角的锚杆锚索向两帮方向倾向$20°\sim30°$的支护方式,并且倾斜锚索可锚固在肩角稳定区域,限制层理间的剪切变形。

巷道顶板控制关键是保持顶板的完整性,阻止裂隙发育发展,避免其与上部围岩发生离层。巷内锚杆控制关键是保持围岩完整性,高强度高延伸率锚杆支护系统能阻止裂隙发育扩展,避免岩层出现离层、滑动等有害变形,能够适应巷道的采动影响,保持巷道的稳定性。巷道煤帮的控制关键是将破碎煤岩体组合成整体,并与较深部围岩结合,补偿煤帮强度的降低和侧向约束应力的降低,最大限度阻止煤帮扩容变形。

　　针对无煤柱掘巷围岩由于受力和围岩性质不同而产生的不匀称变形,通过"分区非匀称"支护而使其变形协调,实现荷载均匀化,达到稳定巷道的目的。

　　无煤柱掘巷围岩不稳定"分区":① 巷内顶板中线位置弯矩最大,巷道中部位置易出现拉破坏,该区域划分为浅部顶板"拉破坏区";② 直接顶受到高水平应力,顶煤与直接顶分层处、直接顶与基本顶分层处裂隙交错较发育易错动离层,该区域划分为"剪切错动离层区";③ 充填体帮肩角位置,充填体强度大,顶煤松软,顶煤易切落,该区域划分为"压剪切落区";④ 实体煤帮处于较高的应力作用下,煤帮受压后,易以压剪形式破坏,帮部锚杆可能出现破断现象,该区域划分为"高应力压剪区"。图 7-1 为各分区分布示意图。

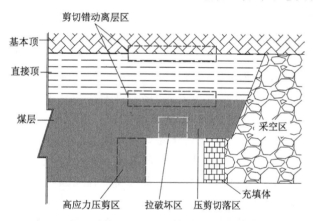

图 7-1　无煤柱掘巷围岩不稳定"分区"分布示意图

　　"分区非匀称"支护体系主要包含不同的支护形式、不同的支护参数、不同的支护强度的非匀称。"分区非匀称"支护体系为在巷道浅部拉破坏区和实体煤帮高应力压剪破坏区中采用高强高预应力让压锚杆支护,直接顶易剪切错动离层区及充填体处巷道肩角易切落区采用倾斜锚索＋钢带的支护方式,巷道中部垂直打设锚索补强,并且锚索位置偏向于充填体侧。

其中,高强预应力让压锚杆与普通的锚杆相比,高强预应力让压锚杆在锚杆托盘与螺母之间增加了一个特制的让压管,当锚杆由于围岩的剧烈变形而产生较大的受力时,让压管能够通过自身的让压变形使围岩卸压,既降低了锚杆载荷,又充分发挥围岩自身的承载能力,从而有效地控制住巷道的大变形。

7.2.3.2 "分区非匀称"支护效果

根据本节提出的"分区非均匀"支护体系,对常村矿 S510 综放面沿空巷道支护参数进行重新设计,为区别之前的支护参数,将之前的参数记为"支护方式 1",重新设计的参数记为"支护方式 2",通过数值模拟比较分析在充填体强度 C 为 30 MPa、宽度 c' 为 1.6 m 时,两种支护方式下巷道的变形状况。"支护方式 2"的参数如下:

(1) 顶板支护

锚杆:锚杆型号 NMG-2224,杆体牌号为 HRB500,长度 2.4 m,杆尾螺纹为 M24。

锚杆布置:每排布设 6 根顶锚杆,锚杆间排距为 800 mm × 1 000 mm。两侧靠帮部的锚杆与垂直方向呈 45°的角度,其余锚杆垂直于顶板打设。

锚索:沿煤层顶板掘进的巷道采用 ϕ17.8 mm × 8 300 mm,1 × 7 股高强度低松弛预应力钢绞线。

锚索布置:每排 3 根锚索,靠近充填体的锚索与充填体的距离为 250 mm,间排距为 1 800 mm × 1 000 mm,中部的锚索垂直顶板打设,两侧锚索角度皆为 20°,并用钢带将 3 根锚索相连。

(2) 巷帮支护

锚杆:锚杆型号为 NMG-2224,杆体牌号为 HRB500,长度 2.4 m,杆尾螺纹为 M24。

锚杆布置:每排每帮 5 根帮锚杆,锚杆间排距 750 mm × 1 000 mm。靠近底板的锚杆与水平方向呈 45°的角度,靠近顶板的锚杆与水平方向呈25°的角度。

其中，充填体顶板以上方"(1)顶板支护"的支护参数进行加固。充填体则置入锚栓，锚栓为 ϕ20 mm×1 800 mm 的等强螺纹钢，上双托板双螺母，锚栓的间排距为 1 000 mm×1 200 mm。

下面分别比较两种支护方式下顶板靠煤帮侧、中部和充填体侧的下沉量，并比较底板、实体煤帮部和充填体帮部的位移变化。

(1) 巷道顶板下沉量随工作面走向的变化规律

图 7-2 为支护方式 1 和支护方式 2 下顶板靠实体煤帮侧、巷道中部和靠充填体侧的下沉量随工作面走向的变化规律。由图可得，通过减小锚索间距，将锚索靠近充填体侧并倾向安设后，三个测点处的位移量都有较大程度的减小。其中，靠煤帮侧下沉量由

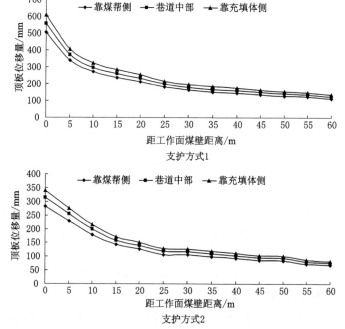

图 7-2　顶板下沉量随工作面走向的变化规律

507 mm 减为 284 mm,位移量下降率达 44%;巷道中部由 557 mm 减为 315 mm,位移量下降率达 43%;靠充填体侧由 608 mm 减为 340 mm,位移量下降率达 44%。

(2) 巷道底板、实体煤帮和充填体帮的位移随工作面走向的变化规律

图 7-3 为巷道底板、实体煤帮和充填体帮位移随工作面走向的变化规律。通过对煤帮锚杆加密,并打设底角锚杆后,底板和实体煤帮的位移量有较大的变化,底鼓量的最大值由 682 mm 降至 443 mm,位移量下降率达 35%;实体煤帮的位移量最大值由 460 mm 降至 339 mm,位移量下降率达 26%。

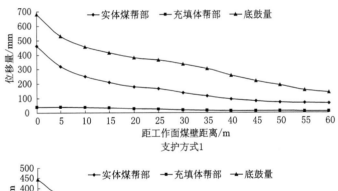

图 7-3 巷道底鼓、两帮移近量随工作面走向的变化规律

7.3 本章小结

（1）根据巷内预充填无煤柱掘巷围岩受力特征，在掘巷阶段和本工作面回采阶段，基本顶回转不仅造成巷道下沉变形，巷道浅部顶板出现较大范围的拉破坏区，并且在回转过程中对直接顶施加高水平应力，造成煤层与直接顶层理面、直接顶与基本顶层理面发生剪切破坏，造成层间错动离层；而由于充填体强度大顶煤松软的特点，充填体处巷道肩角的顶煤极易出现压剪破坏而致切落下沉；实体煤帮处于较高的应力作用下，煤帮受压后，最终以压剪形式破坏，帮部锚杆可能出现剪切破断现象；从而得出巷道变形形态和破坏机理不同，并呈现出非均匀变形特征，因此有必要对巷道各个区域进行分区，最终得出"分区非匀称"支护体系。

（2）"分区非匀称"支护体系为在巷道浅部拉破坏区和实体煤帮高应力压剪破坏区中采用高强高预应力让压锚杆支护，直接顶易剪切错动离层区及充填体处巷道肩角易切落区采用倾斜锚索＋钢带的支护方式。

8　工业性试验

前面分析了充填体与基本顶之间的相互作用关系,建立了基本顶、直接顶、煤层和充填体等相关岩层结构的文克尔弹性地基梁模型,分析了基本顶弧形三角块不同的破断位置对充填体稳定性影响。在此基础上,分析了上工作面回采、本工作面掘巷和本工作面回采"三阶段"下充填体的受力特征及巷道围岩应力、变形与塑性区的分布规律,确定了充填体合理的参数,并提出采用"分区非匀称"支护技术加固沿空巷道。上述研究成果为巷内预充填无煤柱掘巷工程实践提供了重要的理论依据。

工业性试验地点为潞安环能股份开发有限公司常村煤矿S510无煤柱综放面,现场实践表明,充填体在其服务期间保持了良好的稳定性,S510轨道顺槽变形在允许的范围之内,取得了显著的技术、经济和社会效益。

8.1　工程地质条件

常村煤矿是现代化的特大型矿井,主采 3 号煤层开采厚度较大,平均 6 m 左右,矿井压力较大,煤层松软,瓦斯相对涌出量为 $6.2 \text{ m}^3/\text{t}$,煤尘具有爆炸性,不易自燃,无热害威胁。3 号煤上部发育的含水层为弱含水层,各含水层水对巷道掘进、工作面回采影响不大。S511,S510 综放面煤层埋藏深度为 $423\sim470 \text{ m}$,平均埋深约

450 m。根据邻近钻孔统计确定 S511 工作面煤层总厚为5.82～6.39 m,平均厚度为 6.1 m,工作面煤层倾角 0°～6°,含夹矸一层,平均厚度为 0.19 m。S511 综放面综合柱状图如图 8-1 所示。

顶底板岩性	层厚/m	柱状1:100	层号	岩石名称	岩性描述
基本顶	$\frac{9.70～5.83}{7.49}$		1	细粒砂岩	灰黑色,块状,性脆,裂隙被钙质充填
直接顶	$\frac{3.61～3.28}{3.43}$		2	泥岩	黑色,块状,含大量植物化石碎片及科达树,化石下部炭质增高,含煤线及粉砂质结构
3#煤	$\frac{5.82～6.39}{6.10}$		3	3号煤	黑色,块状较多,结构简单,含夹矸一层,半坚硬
直接底	$\frac{2.80～1.13}{1.96}$		4	中粒砂岩	深灰色,块状,石英为主,含黑色矿物及云母碎片,具不清晰水平层理,韩方解石脉为钙质胶结
基本底	$\frac{9.43～1.45}{6.44}$		5	粉砂岩	灰黑色,块状,上部为粗粉砂质结构,水平层理发育,呈细灰白色条带,下部为细粉砂质结构,质均一,含菱铁矿结核

图 8-1　S511 综放面综合柱状图

为减少厚煤层开采的区段煤柱损失,提出巷内预置充填体无煤柱开采技术,利用 S511 工作面安装前时间,在上区段回采工作面前方的运输顺槽内,紧靠下一区段的巷帮煤壁,预置一条混凝土充填体墙,S510 工作面轨道顺槽掘进时沿充填体进行掘进,不再留设煤柱,利用充填体将原相邻工作面煤柱置换出来,实现厚煤层综放面无煤柱开采。充填体构筑位置如图 8-2 所示。若上区段运输顺槽为普通断面,如要实施此项技术,首先,对上区段运输顺槽靠近下区段工作面侧的煤壁,实施扩帮和支护;然后,在工作面前方扩帮位置处紧靠煤壁实施充填,预置巷内充填体。

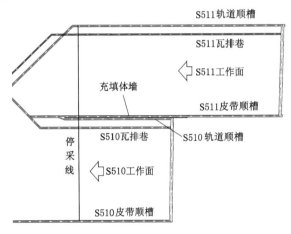

图 8-2 充填体构筑位置示意图

8.2 上工作面皮带顺槽与充填体顶板支护设计

8.2.1 上工作面皮带顺槽支护参数

S511 皮带顺槽正巷断面呈矩形,巷道断面为 15.84 m²(4.8 m×

3.3 m),采用高预应力让压锚杆＋双钢筋托梁＋金属经纬网＋锚索联合支护。

(1)顶板支护

锚杆:锚杆型号为 NMG-2224,杆体牌号为 HRB500,长度2.4 m,杆尾螺纹为 M24。

锚固方式:树脂药卷锚固,采用两支超快树脂锚固剂,规格为MSCK2350。钻孔直径为 28 mm,锚杆预应力为 4～5 t,锚杆锚固力为 15 t,最终紧固扭矩达到 300 N·m。

锚杆配件:采用"三明治"垫圈、让压管、螺母、拱形托盘,托盘规格为 150 mm×150 mm×12 mm。

锚杆布置:每排打设 6 根顶锚杆,锚杆间排距为 860 mm×1 000 mm。两侧靠帮部的锚杆与垂直方向呈 20°的角度,其余锚杆垂直于顶板打设。

锚索:采用 ϕ17.8 mm×8 300 mm,1×7 股高强度低松弛预应力钢绞线,钻孔直径 28 mm,采用三支 MSZ2350 树脂药卷锚固;锚索托盘采用 300 mm×300 mm×16 mm 高强度可调心托盘。锚索预应力为 150 kN,锚索锚固力不小于 30 t。

锚索布置:锚索采用小三花布置,垂直顶板打设,排距1 000 mm。

(2)巷帮支护

锚杆:锚杆型号为 NMG-2224,杆体牌号为 HRB500,长度2.4 m,杆尾螺纹为 M24。

锚固方式:树脂加长锚固,采用两支中速树脂锚固剂,规格为MSZ2350。钻孔直径为 28 mm。锚杆预应力为 4～5 t,锚杆锚固力为 15 t,最终紧固扭矩达到 300 N·m。

锚杆配件:采用"三明治"垫圈、让压管、螺母、拱形托盘,托盘规格为 150 mm×150 mm×12 mm。

锚杆布置:每排每帮 4 根帮锚杆,锚杆间排距 900 mm×

1 000 mm。靠近顶底板的两根锚杆与水平方向呈 10°的角度,其余锚杆垂直煤帮打设。

根据前面分析,上工作面回采后,若顺槽顶板垮落更加充分,垮落的煤矸石自然堆积在充填体侧将有利于充填体在水平方向的稳定性,另外使顺槽和端头未放煤段的顶煤和直接顶尽早垮落,上方基本顶易及早触矸,有助于充填体在垂直方向的稳定性。为此,在 S511 工作面回采过程中,随即对靠工作面处顺槽的锚索和锚杆分别采用退锚机具和螺母破切器进行解除。

8.2.2 充填体顶板支护参数设计

由于常村矿掘 S511 皮带顺槽掘进时未预留出充填体的宽度,只能掘后进行扩巷,首先确定扩巷的断面,然后对支护参数进行设计。

(1)扩巷断面的确定

扩巷宽度:由 S511、S510 工作面的采矿地质条件,计算出充填体的宽度为 1.6 m。由于帮锚杆长度为 2.4 m,而锚杆外露长度约 0.1 m,为避免扩巷时截断锚杆,因此确定扩巷宽度为2.3 m。

扩巷高度:S511 皮带顺槽设计高度为 3.3 m,S510 轨道顺槽设计高度为 3.5 m,为确保充填体能够有效防止采空区瓦斯溢出,设计扩巷高度为 3.5 m,并与 S511 皮带顺槽顶底板齐平。

(2)扩巷支护设计

若充填体上方煤岩破坏,充填体的作用力将很难传递到基本顶处,导致基本顶将进一步回转,使得实体煤破碎区、塑性区范围扩大,强度减弱从而减小对基本顶的支撑作用。因此在构筑充填体之前,需提前对充填区域顶板采取加固措施,对充填体上方顶板进行足够强度的支护尤为重要,必须提高充填区顶煤的稳定性和承载能力及应力传递的能力,延缓充填区顶煤的破坏。如图 8-3所示,扩巷后首先用单体液压支柱进行减跨,支柱间距为

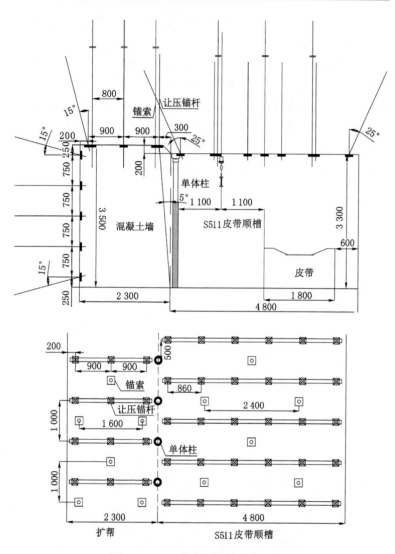

图 8-3 S511 皮带顺槽扩巷支护图

1 000 mm,锚杆支护参数如下。

① 顶板支护

锚杆:锚杆型号为 NMG-2224,杆体牌号为 HRB500,长度 2.4 m,杆尾螺纹为 M24。

锚杆角度:里侧的顶锚杆安设角度与垂线呈 15°外偏角,中间的顶锚杆垂直顶板打设,外侧的顶锚杆也垂直顶板打设,以防止影响 S511 工作面回采时采空区垮落。

锚杆布置:每排 3 根顶锚杆,锚杆间排距 900 mm × 1 000 mm,为防止与 S511 皮带顺槽顶角锚杆重叠,与其错开 500 mm 打设。

锚索布置:采用 $\phi17.8$ mm × 8 500 mm,1×7 股高强度低松弛预应力钢绞线。锚索采用小三花布置,垂直顶板打设,间排距 1 600 mm × 1 000 mm。锚索的外露端的长度设计为 500 mm,方便与充填体中的钢筋结构连接。

锚杆和锚索的材质、锚固方式、配件、预应力要求与 S511 皮带顺槽要求一致。

② 巷帮支护

锚杆:采用 $\phi18$ mm × 2 000 mm 玻璃钢锚杆支护。

锚固方式:采用一支 MSZ2350 锚固剂锚固,钻孔直径为 $\phi22$ mm,扭矩 50 N·m。

锚杆配件:采用 150 mm × 150 mm × 12 mm 托盘,不上托梁。

网片规格:尼龙网护帮,网片规格 3 600 mm × 1 100 mm。

锚杆布置:每排 5 根锚杆,锚杆间排距 750 mm × 1 000 mm。

8.3 本工作面无煤柱掘巷支护设计

8.3.1 无煤柱掘巷支护设计

"分区非匀称"支护体系为在巷道浅部拉破坏区和实体煤帮高应力压剪破坏区中采用高强、高预应力让压锚杆支护,直接顶易剪切错动离层区及充填体处巷道肩角易切落区采用倾斜锚索+钢带的支护方式,巷道中部垂直打设锚索补强,并且锚索位置偏向于充填体侧。

预筑的充填体代替了区段煤柱,由于充填体宽度较窄,在对 S510 轨道顺槽进行支护优化设计时需要考虑其稳定性,防止充填体发生倾倒等事故。因此,在充填体旁采用锚索加强支护,将顶板锚索整体向充填体偏移,锚索位置与充填体的距离为 250 mm,并倾斜打设。锚索可提供较大的支护阻力,减小充填体支撑阻力,另外,锚索将基本顶、直接顶和顶煤锚固起来,使巷道围岩的自身承载能力大大提高,倾斜的锚索可起到限制顶煤与直接顶岩层之间层理面的剪切变形裂隙发育,从而有效减小层间错动。另外,掘巷后应及时加固截割帮及底角,底角锚杆与水平方向呈 45°,以控制帮部和底角围岩破坏区、塑性区的进一步发展,从而减少巷道底鼓和顶板下沉量。

具体参数如下:

S510 轨道顺槽断面呈矩形,巷道断面为 15.75 m²(4.5 m× 3.5 m),采用高预应力让压锚杆+双钢筋托梁+金属经纬网+锚索+钢带联合支护。巷道每 50 m 顶帮铺设一排钢塑网(规格同顶帮金属网)。临时支护采用木大板+Π形钢梁+单体支柱的支护方式,永久支护设计如下。

(1)顶板支护

锚杆:锚杆型号为 NMG-2224,杆体牌号为 HRB500,长度 2.4 m,杆尾螺纹为 M24。

锚杆布置:每排打设 6 根顶锚杆,锚杆间排距为 800 mm× 1 000 mm。两侧靠帮部的锚杆与垂直方向呈 45°的角度,其余锚杆垂直于顶板打设。

锚索:采用 φ17.8 mm×8 300 mm,1×7 股高强度低松弛预应力钢绞线。

锚索布置:每排 3 根锚索,靠近充填体的锚索与充填体的距离为 250 mm,间排距为 1 800 mm×1 000 mm,中部的锚索垂直顶板打设,两侧锚索角度皆为 20°,并用钢带将 3 根锚索相连。

(2) 巷帮支护

锚杆:锚杆型号为 NMG-2224,杆体牌号为 HRB500,长度 2.4 m,杆尾螺纹为 M24。

锚杆布置:每排每帮 5 根帮锚杆,锚杆间排距 750 mm× 1 000 mm。靠近底板的锚杆与水平方向呈 45°的角度,靠近顶板的锚杆与水平方向呈 25°的角度。

其中,锚杆和锚索的材质、锚固方式、配件、预应力要求与 S511 皮带顺槽要求一致,如图 8-4 所示。

8.3.2 本工作面超前加强支护设计

工作面回采前由安装队打设的 Π 形钢棚不进行变更。S510 轨道顺槽距工作面开切眼前煤墙 60 m 内超前棚采用一梁两柱的布置方式,棚距 0.8 m,柱距 0.8 m。超前维护长度为 40 m(距切眼)。每两个双钢筋托梁之间架设 2 架 4.2 m 大板棚,大板垂直巷道方向布置,棚距为(0.4±0.1) m;在分别距大板两端 0.2 m 处平行巷道方向架设两排 Π 形钢抬棚,单体柱"隔一打一"打设在 Π 形钢与大板交叉处,单体柱间距为(0.8±0.2) m,如图 8-5 所示。在回采时视工作面压力显现情况在未打设单体柱处补打单体柱。

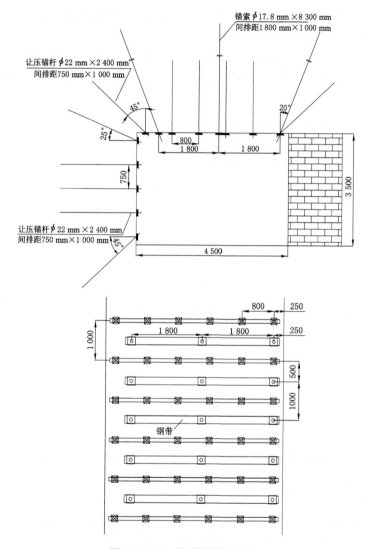

图 8-4 S510 轨道顺槽支护图

绞顶时,∏形钢和木料在平行巷道方向架设在一条直线上,防止绞顶处受力游动。

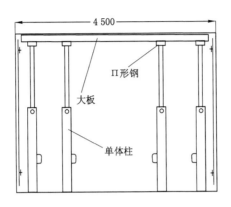

图 8-5　S510 工作面超前支护布置图

8.4　巷内预充填无煤柱掘巷矿压观测

为研究分析 S511 和 S510 综放面矿压显现规律,及时掌握 S511 皮带顺槽和 S510 轨道顺槽的围岩变形破坏情况,监测锚杆锚索联合支护及巷内预充填体的支护效果,对常村矿 S511 和 S510 两工作面进行了长期的矿压观测。通过分析矿压监测数据,能够深入了解现有巷道支护存在的问题,为全面优化支护方案提供依据;同时也能够检验巷内预充填体的实际作用效果,为相似工程施工提供宝贵的现场资料及经验。

8.4.1　矿压监测方案设计

本次矿压监测内容及监测方法如表 8-1 所列。

本次工业试验矿压观测测站布置及监测顺序如下:

表 8-1　矿压监测内容及方法

监测位置	测试内容	监测方法
S511 皮带运输巷	表面位移量	测杆、测枪
	充填体应力	混凝土应力监测仪
S510 轨道运输巷	表面位移量	测杆、测枪
	深部位移量	多点位移计
	锚杆受力	锚杆测力计
	锚索受力	锚索测力计
	充填体应力	混凝土应力监测仪

（1）S511 皮带顺槽表面位移监测方案

监测巷道共布置 2 个测站,测站 1 位于距工作面开切眼 60 m 处,测站 2 距工作面开切眼 80 m,回采期间,分别对两个测站的巷道表面位移量进行观测并进行数据分析,帮部位移仅分析煤帮一侧。

（2）充填体应力的监测方案

对充填体动态应力的监测共分为三个阶段:上工作面 S511 回采阶段,本工作面 S510 轨道顺槽掘进阶段;本工作面 S510 回采阶段;通过分析动态监测数据,反映充填体作用效果,保证两工作面的安全高效回采。

混凝土应力监测仪信息采集原理:在充填袋上方布置混凝土应力监测仪,在监测仪预理后,通过数据线使监测仪和与之配套的采集器连接,监测数据通过数据线传输到采集器中,然后每隔一段时间将采集器中的数据通过数据线导入 Excel 表中进行数据分析。

动态监测方案:首先在充填体构筑完成后且在 S511 工作面回采之前,将应力监测仪布置在充填袋上方顶煤处,其深度为充填体宽度的一半,且共布置 2 个测站,测站 1 位于距工作面开切眼

60 m 处,测站 2 距工作面开切眼 80 m 处,同时监测 S511 工作面回采时,充填体的受力状况;以相同的布置方式将混凝土应力监测仪安装在充填袋上方,用于监测 S510 工作面掘进和回采时充填体所受的应力。

(3) S510 轨道顺槽矿压监测方案

为更加精确掌握 S510 轨道顺槽掘进和回采期间围岩变形破坏规律及充填体的应力变化状况,及时发现支护问题,对该顺槽 4 项内容进行监测。

本次监测共布置 2 个测站,测站 1 位于距工作面开切眼 60 m 处,测站 2 距工作面开切眼 80 m 处,并分别对两个测站表面位移量、顶板深部位移量进行观测;同时每测站布置两个锚杆测力计,同排锚杆监测位置分别位于距充填体 0.25 m、3.25 m 处;且每测站均安装一个锚索测力计,对中间锚索进行检测。

8.4.2 S511 工作面回采期间矿压观测

(1) 巷道表面位移

图 8-6 为 S511 皮带顺槽测站 1 和测站 2 顶底板移近量与距工作面距离变化规律。由图中可以看出:在工作面回采前期,工作面往前推进 20 m 时,巷道顶底板变形较小,顶板最大下沉量仅为 27.2 mm;随着工作面的不断推进,巷道变形急剧增加,并在距工作面 34 m 处变形达到较大的值,说明受到采动影响,体现为锚杆支护范围的浅部岩层受扰动较大,造成巷道变形加剧;在距工作面 20～34 m 范围内,巷道变形趋于较平缓,这是超前支护起到控制围岩变形效果的原因;当工作面推进至测站位置时,巷道受动压影响变形最大,顶底板位移量平均达 494 mm,其中顶板下沉量平均 296 mm,平均底鼓量为顶板下沉量的 70.95%,变形主要以顶板下沉为主。

图 8-7 为 S511 皮带顺槽测站 1 和测站 2 煤帮位移量与距工

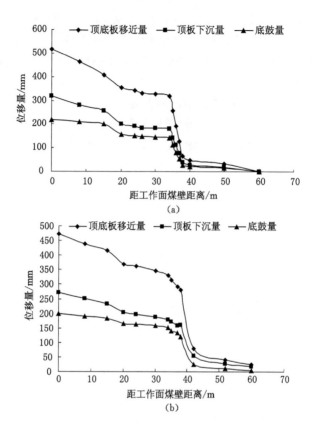

图 8-6　回采期间顶底板位移随距工作面煤壁距离变化规律

（a）测站 1 巷道顶底板位移量；（b）测站 2 巷道顶底板位移量

作面距离变化规律。由图中可以看出：随工作面的不断推进，在距工作面 50 m 处，帮部煤体部分受到扰动破坏，帮部位移增加较快；在 0～25 m 范围内，随距工作面距离不断减小，巷道受剧烈采动影响帮部位移增幅较大，并在测站处达到最大值，分别为 248 mm 和 280 mm，两测站帮部位移变化规律基本一致。

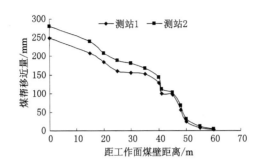

图 8-7   回采期间煤帮位移量随距工作面距离变化规律

（2）充填体应力监测

图 8-8 为两测站充填体应力与距工作面距离变化规律。由图可以看出：在距工作面 $10 \sim 60$ m 范围内，随工作面的不断推进，充填体应力与距工作面距离近似成对数增长关系；当距工作面约 5 m 处时，充填体应力达到峰值，分别为 35.4 MPa 和 37.0 MPa，此时充填体仍保持稳定，这是由于充填体内部有锚栓，在加固充填体的同时提供一定量的侧压，同时充填袋表面有横纵向的加筋绳，从而有效控制充填体的侧向变形，提高充填体的承载能力。此后，充填体应力略有下降，这是由于采动支承压力将部分顶煤破坏而发生应力转移。

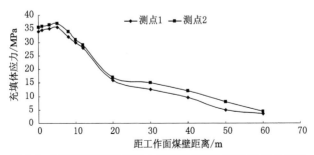

图 8-8   回采期间充填体应力随距工作面距离关系变化规律

8.4.3 S510 工作面巷道掘进期间矿压观测

（1）巷道表面位移

图 8-9 为工作面 S510 轨道顺槽掘进期间巷道顶底板移近量及煤帮位移量与掘进距离的变化规律。由图中可以看出：在掘进距离 140 m 范围内，随掘进距离的不断增加，巷道表面位移量不断加大，这是由于受开挖影响，围岩应力重新分布，次生应力加大，引起围岩破坏变形，表面累计位移量不断增加，且顶板下沉量始终大于底鼓量；当掘进距离达到 150 m 左右时，围岩位移基本稳定，此时两测站顶板最大下沉量为 70 mm，底鼓量为 43 mm，煤帮移近量为 26 mm，均在可控范围内，说明支护效果较好。

（2）巷道顶板深部位移量

图 8-10 为掘进期间围岩顶板深部位移（相对顶板深度 6 m 处位移）与掘进距离的变化规律。从图中可以看出：在距掘进工作面约 50 m 范围内，顶板深部位移均不断增加，且浅部位移较深部位移增速较大，这是由于巷道开挖过程中对浅部围岩扰动较为严重，故下沉较快、下沉量较大；此后，随工作面的不断推进，围岩位移逐渐趋向于稳定，此时在巷道表面浅部 0～2 m 煤体范围内，顶板最大位移差为 33.5 mm，锚杆承载较大拉力，锚固区范围内最大位移量小于锚杆极限应变量，说明浅部煤体锚杆锚固效果较好；同时在 2～3 m 煤岩分界范围内位移差值较大，说明顶板发生离层，最大离层量为 23 mm，在可控范围之内；在围岩 3～5 m 岩层段，位移变化较小，最大位移差仅为 19 mm，锚索承载拉力较大，顶板较为稳定。

（3）顶板锚杆受力

顶板锚杆受力与掘进距离变化规律如图 8-11 所示。从图中可知：随着掘进距离的不断增加，锚杆轴力由增加较快转至逐渐趋向于稳定平衡，且靠近煤帮侧锚杆轴力略大于靠近充填体侧锚杆；

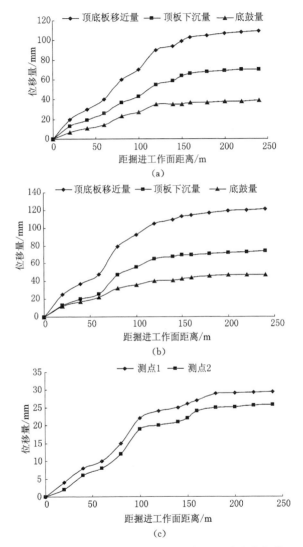

图 8-9 掘进期间巷道表面位移与掘进距离变化规律
(a) 测站 1 顶底板移近量;(b) 测站 2 顶底板移近量;(c) 两测站煤帮位移量

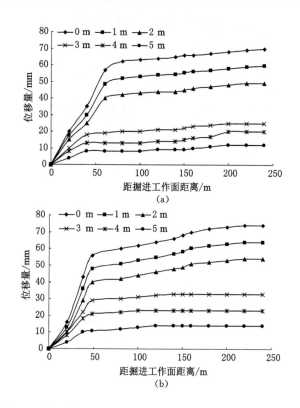

图 8-10　掘进期间顶板深部岩层位移量与掘进距离变化规律

（a）测站 1 顶板深部位移量；（b）测站 2 顶板深部位移量

当距掘进距离达到 140 m 左右时,锚杆受力基本稳定在 64.5 kN,低于锚杆的极限破断荷载 186.3 kN,且预留了较大拉力承载空间,锚杆控制顶板剪切区与离层区效果较好。

（4）顶板锚索受力

顶板中部锚索受力与掘进距离变化规律如图 8-12 所示。从图中可以看出:锚索初期预紧力为 150 kN,在距掘进距离 0～

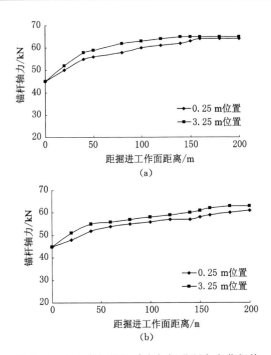

图 8-11 掘进期间锚杆受力与掘进距离变化规律

(a) 测站 1 锚杆轴力;(b) 测站 2 锚杆轴力

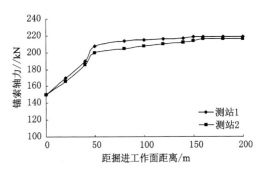

图 8-12 掘进期间锚索受力与掘进距离变化规律

50 m 范围内,锚索受力逐渐增加,与顶板深部位移曲线基本一致,说明掘进初期锚索受力与岩层深部位移近呈正比例关系;在距掘进距离 50 m 时,锚索受力开始稳定;随掘进距离增加,锚索轴力稳定在 217 kN 左右,低于锚索极限破断荷载 355 kN,说明锚索控制下部岩层效果较好。

(5) 充填体应力监测

图 8-13 为掘进期间充填体所受应力与掘进距离变化规律。从图中可以看出,充填体所受应力基本分为两个阶段:快速下降阶段和受力平衡阶段;在掘进距离 0∼50 m 范围内时,受掘巷扰动影响,充填体处应力有所卸压,应力由 38 MPa 下降至 32 MPa 左右;在 50∼200 m 范围内,应力基本稳定在 30 MPa 左右。

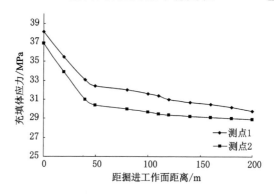

图 8-13　掘进期间充填体应力与掘进距离变化规律

8.4.4　S510 工作面回采期间矿压观测

(1) 巷道表面位移

图 8-14 为回采期间测站 1 和测站 2 表面位移与距工作面煤壁距离变化规律。从图中可以看出:在工作面回采前期,工作面推进距离在 20 m 范围内,巷道顶底板变形较小,顶底板最大移近量

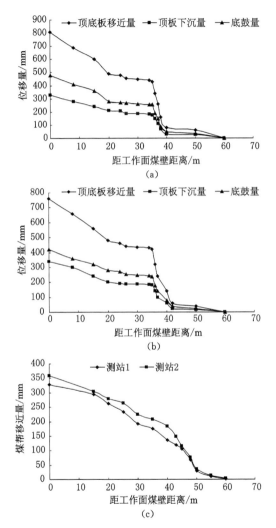

图 8-14　回采期间巷道表面位移与距工作面距离变化规律

（a）测站 1 顶底、板移近量；（b）测站 2 顶底板移近量；（c）两测站煤帮移近量

仅为 80 mm；随着工作面的不断推进，巷道变形急剧增加，并在距工作面 35 m 处逐渐放缓；在距工作面 20～35 m 范围内，巷道变形趋于稳定，这是超前支护起到控制围岩变形的作用；当工作面推进至测站位置时，此时巷道受动压影响变形较大，顶底板位移量平均达 785 mm，其中顶板下沉量和底鼓量分别占 42.7% 和 57.3%，顶板下沉量仅为底鼓量的 74.52%，说明巷道变形主要以底鼓为主，顶板控制效果较好，但底板控制程度不够，应增强底板支护强度。

对两帮而言，在距工作面 50 m 处，帮部位移增速加快，并一直保持增加趋势，最终在测站处达到最大值，分别为 328 mm 和 360 mm，两测站帮部位移变化规律基本一致。

（2）锚杆受力

回采期间锚杆受力与距工作面煤壁距离变化规律如图 8-15 所示。由图中可以看出：锚杆受力基本可分为 4 个阶段，在工作面回采前期 60～40 m 范围内，锚杆受力为缓慢增长期，增速较慢，锚杆轴力较小；当距工作面 42 m 处时，受动压影响，为控制顶板下沉，锚杆拉力急剧增加，开始进入急剧增长阶段，并在 38 m 处达到阶段稳定状态，此时锚杆轴力基本稳定在 106 kN，这是超前支护控制顶板下沉的缘故；随后锚杆轴力又急剧增长，当推进至测点位置时，锚杆轴力达到最大值 136 kN，低于锚杆的极限破断荷载 186.3 kN，说明锚杆受力状况较好，巷道稳定性较好。

（3）锚索受力

回采期间锚索受力与距工作面距离变化规律如图 8-16 所示。从图中可以看出：锚索轴力变化规律与锚杆轴力变化规律基本一致，且最大轴力为 323 kN，低于锚索极限破断荷载 355 kN，说明锚索悬吊作用效果较好，能够有效控制围岩整体稳定性。

（4）充填体受力

充填体受力与距工作面煤壁距离变化规律如图 8-17 所示。

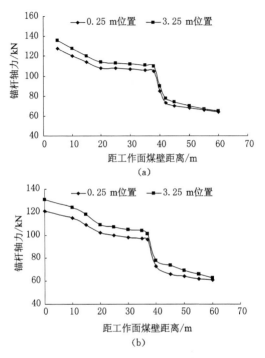

图 8-15 回采期间锚杆受力与距工作面煤壁距离变化规律
(a) 测站 1 锚杆轴力;(b) 测站 2 锚杆轴力

从图中可以看出:随工作面推进距离不断增加,充填体应力呈逐渐增加的趋势,且在推进至距测点 5 m 位置处达到最大值38.0 MPa,继续往前推进,充填体应力有稍有减小的趋势,应力降至 36 MPa。本工作面回采阶段,充填体应力总体变化不大,究其原因,认为与巷道及充填体的顶煤和直接顶的变形有较大的关系,顶煤和直接顶的变形将本应施加在充填体上的高应力转移至巷道侧的实体煤中。

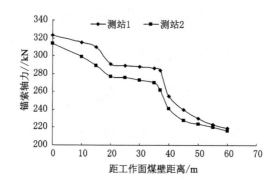

图 8-16　回采期间锚索受力与距工作面煤壁距离变化规律

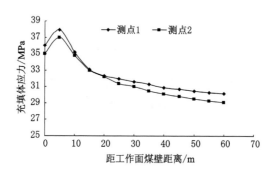

图 8-17　充填体受力与距工作面煤壁距离变化规律

8.4.5　充填体无煤柱开采巷道支护效果与存在的问题

为研究充填体无煤柱开采技术实施效果,对 511 综放面回采、S510 综放面掘进与回采期间巷道支护参数的合理性及充填体的可靠性进行了监测。结合监测内容,对巷道支护效果及存在的问题进行分析。

（1）巷内充填无煤柱掘巷支护效果评价

① "分区非均匀"支护与传统锚杆支护相比,巷道抗变形能力大大提高,充填体取代窄煤柱后,两帮变形量明显减小;但在 S510 工作面巷道局部区域顶板下沉量、帮部位移量、顶板深部位移量较大,这是由于该工作面轨道顺槽同时受到本工作面采动和上工作面侧向支承压力的影响,煤体及浅部岩层松动破坏支护难度较大及施工质量较差。图 8-18 为本工作面回采时无煤柱掘巷维护状况的现场照片。虽然回采过程中巷道局部变形和锚杆锚索轴力较大,但均在可控范围以内,满足支护强度要求。

② 高强、高预应力锚杆锚索可以有效增加破碎岩体残余强度,增强围岩自承能力及抗变形能力,加强锚固段岩层的整体稳定性。

③ "分区非均匀"支护满足组合拱理论、锚索悬吊理论,无论掘进期间,还是回采期间,沿空巷道绝大部分区域变形相对较小,充填体应力均在许可强度范围以内,支护效果较好。

(2)沿空巷道支护存在的问题

① 施工过程中,部分区域锚杆锚索预紧力没有达到设计要求,人力扳手预紧效果较差,建议采用较大扭矩锚杆钻机完成预紧工序。

② 通过现场观测,巷道顶板靠近充填体侧具有切顶现象,这是由于混凝土充填体强度较大、柔性较差,受采动影响巷道顶板局部剧烈下沉,充填体应力增大,充填体无较大变形空间,造成顶板在肩角处发生剪切破坏。

③ 由于受采动影响及煤体裂隙发育松动,巷道局部出现轻微片帮,顶板松动,煤块掉落的现象,甚至少数锚杆锚固力下降、失效;针对此问题,应该做好锚杆锚索日常监测,对于强度较低或失效锚杆及时更换,以防局部出现顶板冒落或折帮风险,保证支护强度满足生产设计要求。

④ 在 S510 工作面回采过程中,巷道底鼓较为严重,说明帮角

(a)

(b)

图 8-18　无煤柱掘巷维护状况的现场照片

(a) 充填体墙；(b) 巷道肩角

打倾斜锚杆并不能有效地控制底鼓，应该对底板支护方案进一步改进，支护参数进一步优化，达到控制底板变形的目的。

　　⑤ 由于锚杆锚固端均在顶板下位煤层中，支护效果的好坏以

及安全隐患具有较大隐蔽性,煤岩交界面处离层较大,锚杆锚索支护效果难以评价,为有效掌握锚杆锚索锚固效果,保证施工安全,应建立一套科学有效的在线监测系统,对顶板锚杆锚索实施在线监测,及时发现异常区域位置,排除隐患。

8.5 本章小结

(1)在 S510 综放面掘进和回采期间对锚杆锚索及充填体监测结果表明,高强锚杆能够有效起到加固下位浅部煤层的作用,同时锚索轴力达到稳定后对浅部岩层的加固悬吊效果较好;充填体应力均在许可强度范围以内,充填体宽度为 1.6 m,巷道高度为3.5 m,宽高比为 0.46,实现小宽高比充填体无煤柱掘巷。

(2)采用"分区非均匀"支护体系后,无论掘进期间,还是回采期间,沿空巷道围岩变形量、深部位移量均在允许变形范围之内,支护效果较好。

(3)从现场监测的结果可知,研究成果成功应用于常村煤矿 S510 无煤柱掘巷工作面,充填体的参数满足安全生产的要求,并有效控制了无煤柱掘巷围岩的变形,取得显著的技术、经济及社会效益。

9　结论与展望

9.1　主要结论

（1）巷内预充填无煤柱掘巷是在上区段工作面的平巷内,紧靠下一区段的巷帮煤壁构筑一定强度和宽度的充填体墙,上工作面回采结束覆岩稳定后,本工作面平巷掘进时沿充填体墙进行,不再留设煤柱,利用充填体墙将原相邻工作面应留设的区段煤柱置换出来,实现无煤柱开采。

（2）基于基本顶在工作面侧向破断形成的弧形三角块,建立基本顶、直接顶、煤层和充填体等相关岩层结构的文克尔弹性地基梁模型,分析基本顶弧形三角块不同的破断位置、不同的围岩地质条件(包括不同埋深,不同基本顶、直接顶和煤层的厚度及弹性模量等)及不同的充填体参数对充填体稳定性影响,并得出任一采矿地质条件下巷内预充填无煤柱开采适应性的判据。

（3）上工作面回采阶段充填体不破坏的情况下,侧向支承压力将在充填体处发生应力集中,并在充填体侧的塑性区煤体中迅速降低,随后在弹性区煤体中再升高;而当充填体破坏时,侧向支承压力峰值将向深部的实体煤中转移;这是巷内预充填体无煤柱开采应力分布的主要特点。

（4）巷内预充填无煤柱掘巷后完成卸压,应力重新分布,充填体的垂直应力相比于掘巷前有所降低,应力向实体煤发生了转移,实体煤的垂直应力增加；直接顶层面上的水平应力最大，达 14.4 MPa，这是由于基本顶破断回转造成的。

（5）本工作面回采后超前支承压力与侧向支承压力叠加，在工作面前方 6 m 处达到应力峰值，与掘巷稳定阶段相比，充填体的应力峰值由 30.4 MPa 增至 39.7 MPa，而距离充填体 10 m 左右实体煤的应力峰值由 25.5 MPa 增至 61.1 MPa；巷内预充填无煤柱掘巷不同于一般的留窄煤柱沿空掘巷，在"三阶段"过程中充填体始终处于高应力状态，沿空巷道将在高应力环境中掘进，对充填体的强度、宽度和巷道支护强度要求高。

（6）分析了充填体的作用机理及其在"三阶段"过程中的受力特征，在此基础上合理确定了充填体的参数。

（7）研究了巷内预充填无煤柱掘巷变形特点，将巷道划分为直接顶层间错动离层区、顶板浅部拉破坏区、充填体侧巷道肩角顶煤切落下沉区和实体煤帮压剪破坏区，得出巷道变形形态和破坏机理不同，并呈现出非均匀变形特征，从而提出"分区非匀称"支护体系。

（8）"分区非匀称"支护体系为在巷道浅部拉破坏区和实体煤帮高应力压剪破坏区中采用高强高预应力让压锚杆支护，直接顶易剪切错动离层区及充填体处巷道肩角易切落区采用倾斜锚索＋钢带的支护方式。

（9）研究成果成功应用于常村煤矿 S510 工作面，充填体的参数满足安全生产的要求，并有效控制了无煤柱掘巷围岩的变形，取得显著的技术、经济及社会效益。

9.2　创新点

（1）建立了基本顶、直接顶、煤层和充填体等相关岩层结构的文克尔弹性地基梁模型，分析基本顶弧形三角块不同的破断位置、不同的采矿地质条件及不同的充填体参数对充填体稳定性影响，并得出任一采矿地质条件下巷内预充填无煤柱开采适应性的判据。

（2）分析了两次采动过程中充填体与上覆岩层结构的相互作用关系，得出充填体始终处于高应力状态，不同的充填体宽度和强度，影响"小结构"的应力分布和塑性区范围，并影响基本顶"大结构"的断裂位置和初期下沉量，在此基础上确定了充填体的合理参数。

（3）研究了巷内预充填无煤柱掘巷变形特点，并将巷道划分为直接顶层间错动离层区、顶板浅部拉破坏区、充填体侧巷道肩角顶煤切落下沉区和实体煤帮压剪破坏区，进一步提出"分区非匀称"支护体系。

9.3　研究展望

本书在大量调研工作的基础上，针对综放巷内预充填无煤柱掘巷围岩结构演化规律与控制技术问题，采用理论分析、数值模拟、现场监测和工业性试验相结合的综合研究方法，对巷内预充填无煤柱掘巷适应性、充填体与"大、小结构"的相互作用关系及沿空巷道支护技术等进行了研究。虽然取得了一些成果，但仍然有不足之处，有待进一步开展研究：

（1）沿空巷道普遍存在底鼓，特别是巷内预充填无煤柱掘巷的情况，由于充填体窄，上工作面、本工作面的底鼓都对充填体的稳定性产生影响，应对底鼓机理、控制技术等进行深入研究。

（2）在对充填体的参数进行设计时，应进一步对分层构筑充填体的情况进行详细研究，如分层构筑条件、构筑要求、分层高度和强度匹配等问题。

（3）进一步在采矿地质条件多样的矿山中开展巷内预充填无煤柱掘巷技术的工程实践，从而使该项技术更加成熟并得到推广。

参 考 文 献

[1] 柏建彪,侯朝炯,黄汉富.沿空掘巷窄煤柱稳定性数值模拟研究[J].岩石力学与工程学报,2004,23(20):3475-3479.

[2] 柏建彪,侯朝炯.深部巷道围岩控制原理与应用研究[J].中国矿业大学学报,2006,35(2):145-148.

[3] 柏建彪,王卫军,侯朝炯,黄汉富.综放沿空掘巷围岩控制机理及支护技术研究[J].煤炭学报,2000,25(5):478-481.

[4] 柏建彪.沿空掘巷围岩控制[M].徐州:中国矿业大学出版社,2006.

[5] 蔡美峰,孔广亚,贾立宏.岩体工程系统失稳的能量突变判断准则及其应用[J].北京科技大学学报,1997,19(4):325-328.

[6] 蔡性怡.苏联煤矿井下回采工艺与技术的发展现状[J].煤炭工程,1985,17(5):41-44.

[7] 曹胜根,刘长友.综放面沿空掘巷支架壁后充填技术[J].河北煤炭,1998(4):37-38.

[8] 曹胜根.采场围岩整体力学模型及应用研究[D].徐州:中国矿业大学,1999.

[9] 曹树刚,鲜学福.煤岩蠕变损伤特性的实验研究[J].岩石力学与工程学报,2001,20(6):817-821.

[10] 陈炎光,陆士良.中国煤矿巷道围岩控制[M].徐州:中国矿业大学出版社,1994.

[11] 崔希海,付志亮.岩石流变特性及长期强度的试验研究[J].岩

石力学与工程学报,2006,25(5):1021-1024.

[12] 邓广哲,朱维申.岩体裂隙非线性蠕变过程特性与应用研究[J].岩石力学与工程学报,1998,17(4):358-365.

[13] 丁焜,童有德.我国无煤柱开采的发展与展望(上)[J].煤炭工程,1984,16(3):11-16.

[14] 丁焜,童有德.我国无煤柱开采的发展与展望(下)[J].煤炭工程,1984,16(4):1-6.

[15] 范韶刚.试论中国煤炭工业可持续发展[M]//煤炭科学研究总院北京开采研究所.地下开采现代技术理论与实践.北京:煤炭工业出版社,2002.

[16] 范维唐.煤炭在能源中处于什么地位[J].中国煤炭,2001(8):5-7.

[17] 费旭敏.我国沿空留巷支护技术现状及存在的问题探讨[J].中国科技信息,2008(7):48-49.

[18] 冯光明.超高水充填材料及其充填开采技术研究与应用[D].徐州:中国矿业大学,2009.

[19] 高延法,张庆松.矿山岩体力学[M].徐州:中国矿业大学出版社,2000.

[20] 桂海霞.沿空留巷直接顶稳定性突变分析及其控制[J].中国安全科学学报,2012,22(2):37-43.

[21] 郭育光,柏建彪,侯朝炯.沿空留巷巷旁充填体主要参数研究[J].中国矿业大学学报,1992,21(4):1-11.

[22] 何满潮,谢和平,彭苏萍,等.深部开采岩体力学研究[J].岩石力学与工程学报,2005,24(16):2803-2813.

[23] 侯朝炯,李学华.综放沿空掘巷围岩大、小结构的稳定性原理[J].煤炭学报,2001,26(1):1-7.

[24] 侯朝炯,马念杰.煤层巷道两帮煤体应力和极限平衡区的探讨[J].煤炭学报,1989,14(4):21-29.

［25］华心祝,马俊枫,许庭教.锚杆支护巷道巷旁锚索加强支护沿空留巷围岩控制机理研究及应用[J].岩石力学与工程学报,2005,24(12):2107-2112.

［26］华心祝.我国沿空留巷支护技术发展现状及改进建议[J].煤炭科学技术,2006,34(12):78-81.

［27］姜永东,鲜学福,郭臣业.层状岩质边坡失稳的燕尾突变模型[J].重庆大学学报(自然科学版),2008,31(5):553-557.

［28］靖洪文,许国安,曲天智,等.深井综放沿空掘巷合理支护形式研究[J].山东大学学报(工学版),2009,39(4):87-91.

［29］阚甲广.典型顶板条件沿空留巷围岩结构分析及控制技术研究[D].徐州:中国矿业大学,2009.

［30］康红普,牛多龙,张镇,等.深部沿空留巷围岩变形特征与支护技术[J].岩石力学与工程学报,2010,29(10):1977-1987.

［31］康红普,王金华,林健.高预应力强力支护系统及其在深部巷道中的应用[J].煤炭学报,2007,32(12):1233-1238.

［32］李化敏.沿空留巷顶板岩层控制设计[J].岩石力学与工程学报,2000,19(5):651-654.

［33］李晋平,李洪武.综放面护巷煤柱应力与变形分析[J].矿山压力与顶板管理,1999(3):129-131.

［34］李晋平.综放沿空留巷技术及其在潞安矿区的应用[D].北京:煤炭科学研究总院,2005.

［35］李全生.面向21世纪开采技术创新方向探讨[M]//煤炭科学研究总院北京开采研究所.地下开采现代技术理论与实践.北京:煤炭工业出版社,2002.

［36］李树刚.综放开采围岩活动及瓦斯运移[M].徐州:中国矿业大学出版社,2000.

［37］李孝亭.英国煤炭井工开采业发展状况[J].中国煤炭,2000(8):59-61.

[38] 李学华.综放沿空掘巷围岩大小结构稳定性的研究[D].徐州:中国矿业大学,2000.

[39] 刘听成.无煤柱护巷的应用与进展[J].矿山压力与顶板管理,1994(4):2-10.

[40] 刘毅.德国煤矿沿空留巷技术简介[J].山西焦煤科技,2006,30(10):44-46.

[41] 刘玉堂,王金华,许清秀,等.波兰煤矿深井巷道支护技术[J].建井技术,1988(3):57-59.

[42] 陆士良.无煤柱护巷的矿压显现[M].北京:煤炭工业出版社,1982.

[43] 陆士良.无煤柱区段巷道的矿压显现及适用性的研究[J].中国矿业学院学报,1980(4):1-22.

[44] 陆士良.无煤柱巷道的矿压显现与受力分析[J].煤炭学报,1981(4):29-37.

[45] 马俊枫.锚杆支护巷道沿空留巷围岩控制机理及参数研究[D].淮南:安徽理工大学,2003.

[46] 马立强,张东升,陈涛,等.综放巷内充填原位沿空留巷充填体支护阻力研究[J].岩石力学与工程学报,2007,26(3):544-550.

[47] 马立强,张东升,王红胜,等.厚煤层巷内预置充填带无煤柱开采技术[J].岩石力学与工程学报,2010,29(4):674-680.

[48] 毛节华,许惠龙.中国煤炭资源预测与评价[M].北京:科学出版社,1999.

[49] 茅献彪,缪协兴,钱鸣高.采动覆岩中关键层的破断规律研究[J].中国矿业大学学报,1998,27(1):39-42.

[50] 缪协兴,钱鸣高.采动岩体的关键层理论研究新进展[J].中国矿业大学学报,2000,29(1):25-29.

[51] 缪协兴,钱鸣高.超长综放工作面覆岩关键层破断特征及对

采场矿压的影响[J].岩石力学与工程学报,2003,22(1):45-47.

[52] 缪协兴,张东升,殷庆芳,等.综放沿空留巷充填巷帮变形机理分析[C]//第六次全国岩石力学与工程学术大会论文集.武汉:[出版者不详],2000.

[53] 彭苏萍,王希良,刘咸卫,等."三软"煤层巷道围岩流变特性试验研究[J].煤炭学报,2001,26(2):149-152.

[54] 漆泰岳,郭育光,侯朝炯.沿空留巷整体浇注护巷带适应性研究[J].煤炭学报,1999,24(3):256-260.

[55] 漆泰岳.沿空留巷整体浇注护巷带主要参数及其适应性[J].中国矿业大学学报,1999,28(2):122-125.

[56] 漆泰岳.沿空留巷支护理论研究及实例分析[D].徐州:中国矿业大学,1996.

[57] 钱鸣高,刘听成.矿山压力及其控制[M].北京:煤炭工业出版社,1991.

[58] 钱鸣高,缪协兴,许家林,等.岩层控制的关键层理论[M].徐州:中国矿业大学出版社,2000.

[59] 钱鸣高,缪协兴,许家林.岩层控制中的关键层理论研究[J].煤炭学报,1996,21(3):225-230.

[60] 钱鸣高,缪协兴.采场"砌体梁"结构的关键块分析[J].煤炭学报,1994,19(6):557-563.

[61] 钱鸣高,石平五,许家林.矿山压力与岩层控制[M].徐州:中国矿业大学出版社,2010.

[62] 钱鸣高,许家林,缪协兴.煤矿绿色开采技术[J].中国矿业大学学报,2003,32(4):343-348.

[63] 钱鸣高,许家林.覆岩采动裂隙分布的"O"形圈特征研究[J].煤炭学报,1998,23(5):466-469.

[64] 钱鸣高,张顶立.砌体梁的"S-R"稳定及其应用[J].矿山压力

与顶板管理,1994(3):6-11.

[65] 秦广鹏.综放沿空巷道稳定性分析及其混沌动力学评价[D].泰安:山东科技大学,2005.

[66] 权景伟,柏建彪,种道雪,等.沿空留巷锚杆支护技术研究及应用[J].煤炭科学技术,2006,34(12):60-61.

[67] 尚海涛.煤炭作为我国基础能源的重要地位不可动摇[J].中国煤炭,2001(4):5-8.

[68] 宋振骐,崔增娣,夏洪春,等.无煤柱矸石充填绿色安全高效开采模式及其工程理论基础研究[J].煤炭学报,2010,35(5):705-710.

[69] 宋振骐,蒋金泉.煤矿岩层控制的研究重点与方向[J].岩石力学与工程学报,1996,15(2):128-134.

[70] 宋振骐,赵经彻.综放开采的岩层运动和矿山压力控制[C]//中国煤炭学会.综采放顶煤与安全技术研讨会.潞安:[出版者不详],2000.

[71] 宋振骐.实用矿山压力控制[M].徐州:中国矿业大学出版社,1988.

[72] 孙恒虎,赵炳利.沿空留巷的理论与实践[M].北京:煤炭工业出版社,1993.

[73] 孙恒虎.沿空留巷顶板活动机理与支护围岩关系新研究[D].北京:中国矿业大学,1988.

[74] 孙钧.岩土材料流变及其工程应用[M].北京:中国建筑工业出版社,1999.

[75] 谭云亮.矿山岩层运动非线性动力学特征研究[D].沈阳:东北大学,1996.

[76] 唐建新,邓月华,涂兴东,等.锚网索联合支护沿空留巷顶板离层分析[J].煤炭学报,2010,35(11):1827-1831.

[77] 唐建新,胡海,涂兴东,等.普通混凝土巷旁充填沿空留巷试

验[J].煤炭学报,2010,35(9):1425-1429.

[78] 涂敏.沿空留巷顶板运动与巷旁支护阻力研究[J].辽宁工程技术大学学报(自然科学版),1999,18(4):347-351.

[79] 王红胜,张东升,马立强.预置矸石充填带置换小煤柱的无煤柱开采技术[J].煤炭科学技术,2010,38(4):1-5.

[80] 王红胜.沿空巷道窄帮蠕变特性及其稳定性控制技术研究[D].徐州:中国矿业大学,2011.

[81] 王来贵,何峰,刘向峰,等.岩石试件非线性蠕变模型及其稳定性分析[J].岩石力学与工程学报,2004,23(10):1640-1642.

[82] 王卫军,侯朝炯,柏建彪,等.综放沿空巷道顶煤受力变形分析[J].岩土工程学报,2001,23(2):209-211.

[83] 王作棠,周华强,谢耀社.矿山岩体力学[M].徐州:中国矿业大学出版社,2007.

[84] 吴健,孙恒虎.巷旁支护载荷和变形设计[J].矿山压力与顶板管理,1986(2):2-11.

[85] 吴立新,王金庄,郭增长.煤柱设计与监测基础[M].徐州:中国矿业大学出版社,2000.

[86] 肖永福.沿空留巷合理支护和卸压保护的研究[D].西安:西安矿业学院,1989.

[87] 谢文兵,笪建原,冯光明.综放沿空留巷围岩控制机理[J].中南大学学报(自然科学版),2004,35(4):657-661.

[88] 谢文兵,殷少举,史振凡.综放沿空留巷几个关键问题的研究[J].煤炭学报,2004,29(2):146-149.

[89] 谢文兵.综放沿空留巷围岩稳定性影响分析[J].岩石力学与工程学报,2004,23(18):3059-3065.

[90] 徐金海,付宝杰,周保精.沿空留巷充填体的流变特性分析[J].中国矿业大学学报,2008,37(5):585-589.

[91] 徐金海,刘克功,卢爱红.短壁开采覆岩关键层黏弹性分析与应用[J].岩石力学与工程学报,2006,25(6):1147-1151.

[92] 徐金海,缪协兴,卢爱红,等.收作眼围岩稳定性分析与支护技术研究[J].中国矿业大学学报,2003,32(5):482-486.

[93] 徐金海,缪协兴,浦海,等.综放工作面收作眼合理位置确定与稳定性分析[J].岩石力学与工程学报,2004,23(12):1981-1985.

[94] 徐金海,缪协兴,张晓春.煤柱稳定性的时间相关性分析[J].煤炭学报,2005,30(4):433-437.

[95] 徐金海,石炳华,王云海.锚固体强度与组合拱承载能力的研究与应用[J].中国矿业大学学报,1999,28(5):482-485.

[96] 徐金海,诸化坤,石炳华,等.三软煤层巷道支护方式及围岩控制效果分析[J].中国矿业大学学报,2004,33(1):55-58.

[97] 徐永圻.采矿学[M].徐州:中国矿业大学出版社,2003.

[98] 许宏发.软岩强度和弹模的时间效应研究[J].岩石力学与工程学报,1997,16(3):246-251.

[99] 许家林.岩层移动与控制的关键层理论及其应用[D].徐州:中国矿业大学,1999.

[100] 杨万斌,蔡美峰,董传彤.锚索支护沿空留巷技术研究[J].煤炭科学技术,2006,34(9):65-67.

[101] 姚建国,毛德兵.我国煤矿高效集约化生产的思考[J].煤矿机电,2003(6):1-4.

[102] 佚名.德国煤矿的安全生产[J].现代班组,2010(1):45.

[103] 尤明庆,华安增.岩石试样的强度准则及内摩擦系数[J].地质力学学报,2001,7(1):53-60.

[104] 尤明庆,华安增.岩石试样的三轴卸围压试验[J].岩石力学与工程学报,1998,17(1):24-29.

[105] 于海涌,赵士昌.合理放顶煤步距的确定[J].阜新矿业学院

学报,1990(4):80-84.

[106] 于学馥,郑颖人,刘怀恒,等.地下工程围岩稳定分析[M].北京:煤炭工业出版社,1983.

[107] 袁亮.高瓦斯矿区复杂地质条件安全高效开采关键技术[J].煤炭学报,2006,31(2):174-178.

[108] 张顶立,钱鸣高.综放工作面围岩结构分析[J].岩石力学与工程学报,1997,16(4):320-326.

[109] 张顶立,王悦汉.综采放顶煤工作面岩层结构分析[J].中国矿业大学学报,1998,27(4):340-343.

[110] 张顶立.综放工作面煤岩稳定性研究及控制[D].徐州:中国矿业大学,1995.

[111] 张东升,马立强,冯光明,等.综放巷内充填原位沿空留巷技术[J].岩石力学与工程学报,2005,24(7):1164-1168.

[112] 张东升,茅献彪,马文顶.综放沿空留巷围岩变形特征的试验研究[J].岩石力学与工程学报,2002,21(3):331-334.

[113] 张东升,缪协兴,茅献彪.综放沿空留巷顶板活动规律的模拟分析[J].中国矿业大学学报,2001,30(3):261-264.

[114] 张东升,王红胜,马立强.预筑人造帮置换窄煤柱的二步骤沿空掘巷新技术[J].煤炭学报,2010,35(10):1589-1593.

[115] 张国华,蒲文龙,于会君.杏花煤矿沿空留巷顶板破碎原因分析及其防治[J].煤炭科学技术,2006,34(4):4-6.

[116] 张俊云.沿空留巷巷旁煤体作用机理及锚杆支护研究[D].西安:西安矿业学院,1998.

[117] 张农,李学华,高明仕.迎采动工作面沿空掘巷预拉力支护及工程应用[J].岩石力学与工程学报,2004,23(12):2100-2105.

[118] 张钦礼,曹小刚,王艳利,等.基于尖点突变模型的采场顶板-矿柱稳定性分析[J].中国安全科学学报,2011,21(10):

52-57.

[119] 周保精,徐金海,倪海敏.小宽高比充填体沿空留巷稳定性研究[J].煤炭学报,2010,35(增刊):33-37.

[120] 朱川曲,张道兵,施式亮,等.综放沿空留巷支护结构的可靠性分析[J].煤炭学报,2006,31(2):141-144.

[121] 朱德仁,钱鸣高.长壁工作面基本顶破断的计算机模拟[J].中国矿业学院学报,1987(3):1-9.

[122] 朱德仁.长壁工作面基本顶的破断规律及其应用[D].徐州:中国矿业大学,1987.

[123] 朱合华,叶斌.饱水状态下隧道围岩蠕变力学性质的试验研究[J].岩石力学与工程学报,2002,21(12):1791-1796.

[124] 祝云华,刘新荣,黄明,等.深埋隧道开挖围岩失稳突变模型研究[J].岩土力学,2009,30(3):805-809.

[125] A.加尔瓦斯,孟戈飞.1976—1980年苏联煤矿巷道掘进工程[J].煤炭技术,1982(4):19-22.

[126] R.C.福里斯,D.J.雷迪希.英国煤矿未来巷道的设计与支护[J].江苏煤炭,1991(4):45-47.

[127] ASHBY M F,HALLAM S D.The failure of brittle solids containing small cracks under compressive stress states [J].Acta metallurgica,1986,34(3):497-510.

[128] BAI J B.Stability analysis for main roof of roadway driving along next goaf [J].Journal of coal seience and engineering,2003(1):22-27.

[129] BAI M,ELSWORTH D.Some aspects of mining under aquifers in China[J].Mining science and technology,1990,10(1):81-91.

[130] GOERLICH B.Methane drainage in gassy mines:a contribution to mine safety [C]// The 2nd China

international forum on work safety.[S.l.:s.n.],2004.

[131] HEBBLEWHITE B K,LU T. Geomechanical behaviour of laminated,weak coal mine roof strata and the implications for a ground reinforcement strategy [J]. International journal of rock mechanics and mining sciences,2004,41: 147-157.

[132] HUA X Z.Study on gob-side entry retaining technique with roadside backfill in long wall top-coal caving technology[J]. Journal of coal science and engineering,2004(1):9-12.

[133] ITÔ H,SASAJIMA S. A ten year creep experiment on small rock specimens [J]. International journal of rock mechanics and mining science and geomechanics,1987,24 (2):113-121.

[134] ITÔ H.The phenomenon and examples of rock creep[J]. International journal of rock mechanics and mining sciences and geomechanics,1993,30(3):693-708.

[135] KRAULAND N,SODER P E.Determining pillar strength from pillar failure observation[J].Engineering and mining journal,1987(8):34-40.

[136] MARANINI E,BRIGNOLI M.Creep behavior of a weak rock experimental characterization [J]. International journal of rock mechanics and mining sciences,1999,36 (1):127-138.

[137] PALCHIK V.Influence of physical characteristics of weak rock mass on height of caved zone over abandoned subsurface coal mines[J].Environmental geology,2002,42 (1):92-101.

[138] QIAN M G,HE F L.Behavior of the main roof in longwall

in mining-weighting span, fracture and disturbance[J]. Journal of mine,metals and fuels,1989,37:240-246.

[139] RENSHAW C E, SCHULSON E M. Limits on rock strength under high confinement[J]. Earth and planetary science letters,2007,258(1-2):307-314.

[140] STERPI D, GIODA G. Visco-plastic behaviour around advancing tunnels in squeezing rock[J]. Rock mechanics and rock engineering,2009,42(2):319-339.

[141] THOFT-CHRISTENSEN P, MUROTSU Y. Application of structural systems reliability theory [M]. Berlin: Springer-Verlag,1986.

[142] WANG W J, HOU C J. Study of mechanical principle of floor heave of roadway driving along next goaf in fully mechanized sub-level caving face[J]. Journal of coal science and engineering,2001,7(1):13-17.

[143] WHITTAKER B N, SINGH R N. Design and stability of pillar in longwall mining[J]. The mining engineer, 1979 (7):59-73.

[144] WHITTAKER B N, WOODROW G J M. Design loads for gateside packs and support system[J]. Mining engineer, 1977,136(2):263-275.

[145] WILSON A H. An hypothesis concerning pillar stability [J]. Mining engineer,1972,131(6):409-416.

[146] YANG S Q, JIANG Y Z, XU W Y. Experimental investigation on strength and failure behaviour of pre-cracked marble under conventional triaxial compression [J]. International journal of solids and structures,2008,45 (17):4796-4819.

[147] ZHANG D S, MIAO X X. Technique of gob-side entry retaining with entry-in backfill in fully-mechanized coal face with top-coal caving[C]// Proceedings of the 5th international symposium on mining science and technology.[S.l.:s.n.],2004.

[148] ZHANG N, LI X H. Supporting of gob-Side entries driving head-on adjacent advancing coal face with a reserved narrow pillar[C]// Proceedings of the 5th international symposium on mining science and technology.[S. l.: s. n.],2004.

[149] ZHANG N. Study on strata control by delay grouting in soft rock roadway [J]. Journal of coal science and engineering,2003,9(1):51-56.

[150] ZHOU X P. Triaxial compressive behavior of rock with mesoscopic heterogenous behavior: strain energy density factor approach [J]. Theoretical and applied fracture mechanics,2006,45(1):46-63.

[151] ZHU C Q, MIAO X X, LIU Z. Mechanical analysis on deformation of surrounding rock with road-in packing of gob-side entry retaining in fully-mechanized sub-level caving face[J]. Journal of coal science and engineering, 2008,14(1):24-28.